机电概念设计（MCD）教学工作页

主　编　魏　敏
副主编　于　生　杨　宇　冯道宁
参　编　梁倩倩

電子工業出版社
Publishing House of Electronics Industry
北京·BEIJING

内 容 简 介

本书以NX 1926机电概念设计（MCD）为软件平台，以项目为导向，以任务为驱动，共设置由简单到复杂、由单一到综合的七大项目及若干学习任务，帮助学生由浅入深、循序渐进地理解三维建模、基本机电对象设置、运动副、耦合副、传感器、信号、仿真序列、虚拟调试等内容，让学生更好地掌握机电概念设计的知识与技能，并培养学生的实践能力与综合应用能力。

本书的内容图文并茂、理论与实践相结合，注重知识与技能的融合，符合机电概念设计初学者的学习规律，可作为职业院校机电一体化、电气自动化、工业机器人技术、机械设计制造及自动化等专业的教学用书，也可作为企业工程技术人员的参考用书。

图书在版编目（CIP）数据

机电概念设计（MCD）教学工作页 / 魏敏主编. —北京：电子工业出版社，2023.10

ISBN 978-7-121-46687-8

Ⅰ. ①机… Ⅱ. ①魏… Ⅲ. ①机电一体化－系统设计－高等职业教育－教学参考资料 Ⅳ. ①TH-39

中国国家版本馆CIP数据核字(2023)第211209号

责任编辑：张　豪
印　　刷：中国电影出版社印刷厂
装　　订：中国电影出版社印刷厂
出版发行：电子工业出版社
　　　　　北京市海淀区万寿路173信箱　邮编：100036
开　　本：787×1092　1/16　印张：11.75　字数：285千字
版　　次：2023年10月第1版
印　　次：2023年10月第1次印刷
定　　价：36.00元

凡所购买电子工业出版社图书有缺损问题，请向购买书店调换。若书店售缺，请与本社发行部联系，联系及邮购电话：（010）88254888，88258888。

质量投诉请发邮件至zlts@phei.com.cn，盗版侵权举报请发邮件至dbqq@phei.com.cn。

本书咨询联系方式：qiyuqin@phei.com.cn。

前　言

机电概念设计（Mechatronics Concept Designer，MCD）是NX软件中的一个模块，可以实现产品设计平台与自动化技术的无缝集成，适用于机电一体化产品的概念设计。借助该软件，可对包含多物理场以及通常存在于机电一体化产品中的自动化相关行为的概念进行3D建模和仿真。近年来，机电一体化系统受到了越来越多的关注，这种系统将机械、电子、计算机、控制等技术融为一体，可实现高效运行、智能化控制、智能化维护，被广泛应用于各工业领域。目前，机电概念设计技术已经成为众多职业院校机电一体化、电气自动化、工业机器人技术、机械设计制造及自动化等专业的必修课程。

本书以NX 1926机电概念设计（MCD）为软件平台，以项目为导向，以任务为驱动，共设置由简单到复杂、由单一到综合的七大项目及若干学习任务，帮助学生由浅入深、循序渐进地理解三维建模、基本机电对象设置、运动副、耦合副、传感器、信号、仿真序列、虚拟调试等内容，让学生更好地掌握机电概念设计的知识与技能，并培养学生的实践能力与综合应用能力。

本书的内容图文并茂、理论与实践相结合，注重知识与技能的融合，符合机电概念设计初学者的学习规律，可作为职业院校机电一体化、电气自动化、工业机器人技术、机械设计制造及自动化等专业的教学用书，也可作为企业工程技术人员的参考用书。

本书由广西机电职业技术学院魏敏、于生、杨宇、冯道宁、梁倩倩编写。

在本书编写的过程中，得到了有关专家和企业技术人员的大力支持，在此一并表示感谢。

由于编者水平有限，书中难免有不妥之处，敬请读者批评指正，以便后续改进和完善。

编者

2023 年 8 月

目　　录

项目一　传送带输送物料概念模型建模与运动仿真

知识目标

- ◆ 掌握进入机电概念设计模块的方法。
- ◆ 掌握简单三维模型的建模方法。
- ◆ 掌握模型装配的方法。
- ◆ 掌握简单机电对象、执行器的使用方法。

任务1　简单传送带三维模型的建模及运动仿真

1.1　任务目标

- ❖ 掌握进入机电概念设计模块的方法。
- ❖ 掌握简单机电对象模型的三维建模方法。
- ❖ 掌握模型的装配、分析、视图，以及快捷键的功能。
- ❖ 掌握刚体、碰撞体、传输面及对象源的设置方法。

1.2　任务描述

简单传送带模型如图1-1所示。

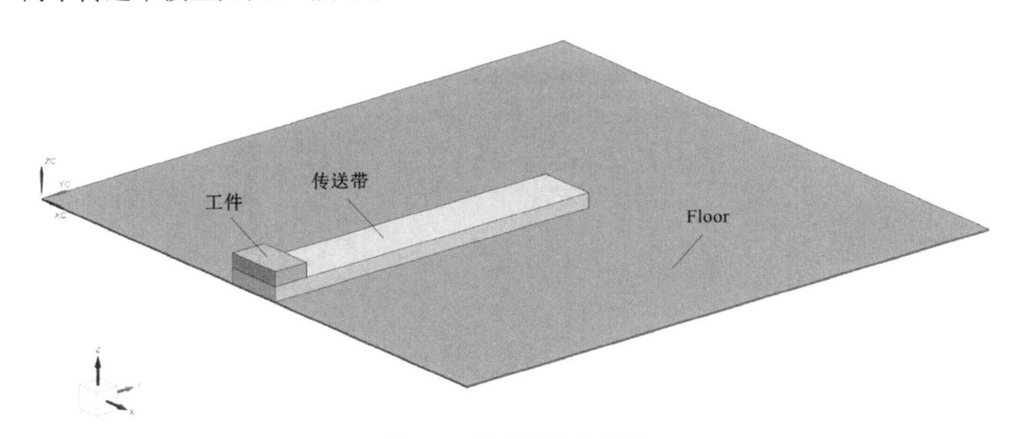

图1-1　简单传送带模型

按图1-1中所示模型建模后，运用机电概念设计模块进行运动仿真。

动作流程描述：每隔一定的时间间隔产生相同的工件，沿着传送带依次向前运动。

1.3 相关知识

1. 进入机电概念设计模块

启动NX软件后，显示的界面如图1-2所示。进入机电概念设计模块有以下两种不同的方法。

图 1-2 NX 软件的启动工作界面

方法一：直接创建新的机电概念设计模块

在NX软件的启动工作界面中，单击左上方标准组的“新建”图标，在弹出的“新建”对话框中选择“机电概念设计”选项卡，如图1-3所示。

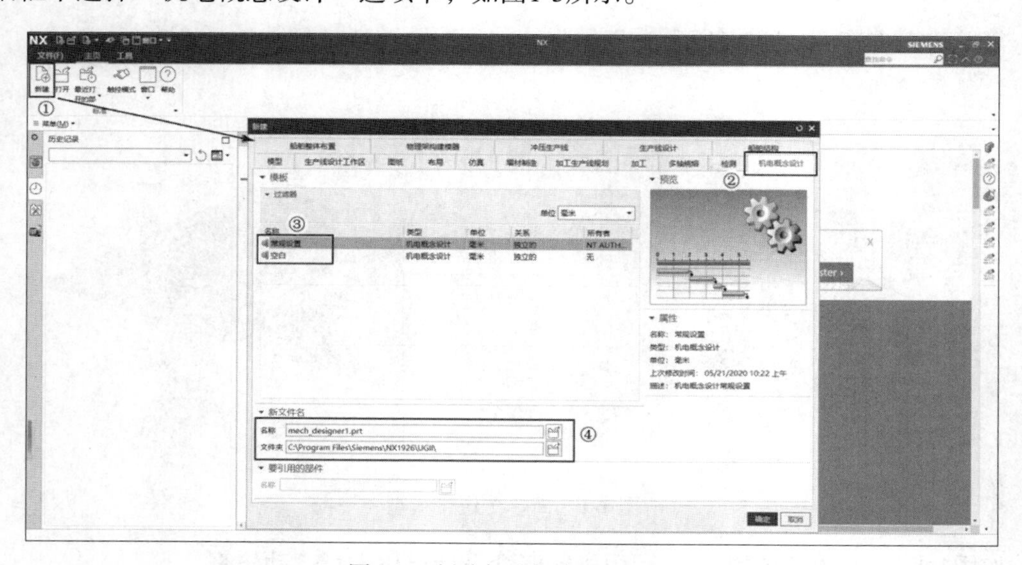

图 1-3 新建机电概念设计模块

在“模板”选项区域有“常规设置”和“空白”两个选项，选择“常规设置”选项后，可进入常规机电概念设计的工作界面，在新建文件中自动创建一个名称为“Floor”、尺寸为“1000×1000×2.5”的碰撞体项目，如图1-4（a）所示。选择“空白”选项后，进入空白机电概念设计的工作界面，如图1-4（b）所示。

在“新建”对话框的下方可更改文件名和文件保存路径。

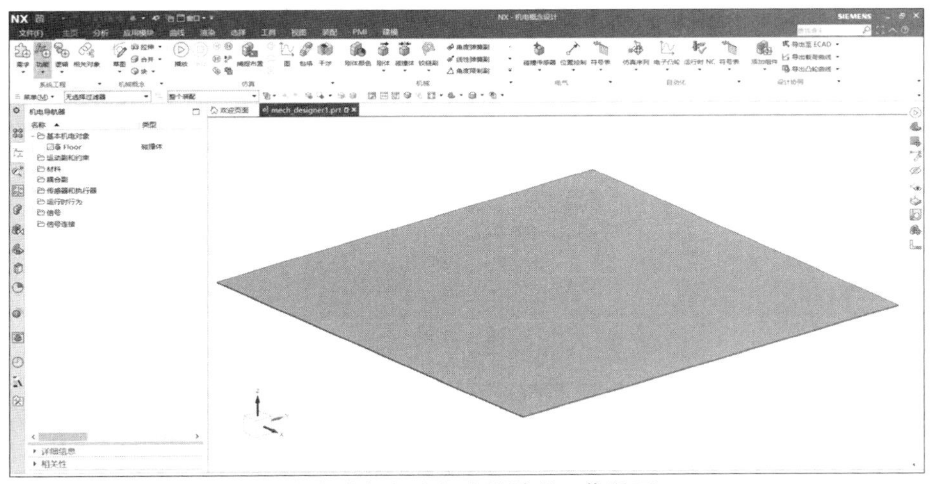

（a）常规机电概念设计的工作界面

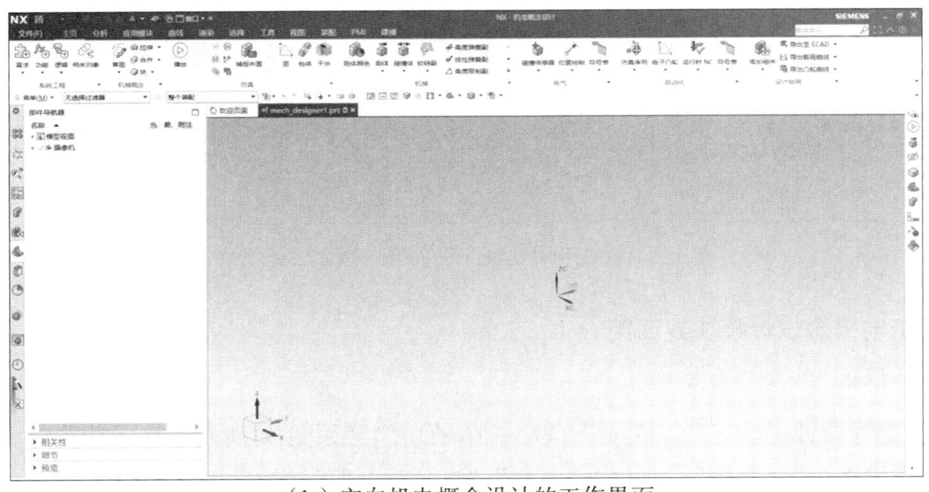

（b）空白机电概念设计的工作界面

图 1-4　工作界面

方法二：完成模型建模设计后进入机电概念设计模块

在NX软件的启动工作界面中，单击左上方标准组的“新建”图标，在弹出的“新建”对话框中选择“模型”选项卡，在“模板”选项区域选择“模型”选项，如图1-5所示。进入模型建模工作界面，完成模型建模设计后，在上方菜单栏中选择“应用模块”，然后在设计组中选择“更多”→“机电概念设计”，即可进入机电概念设计模块，如图1-6所示。

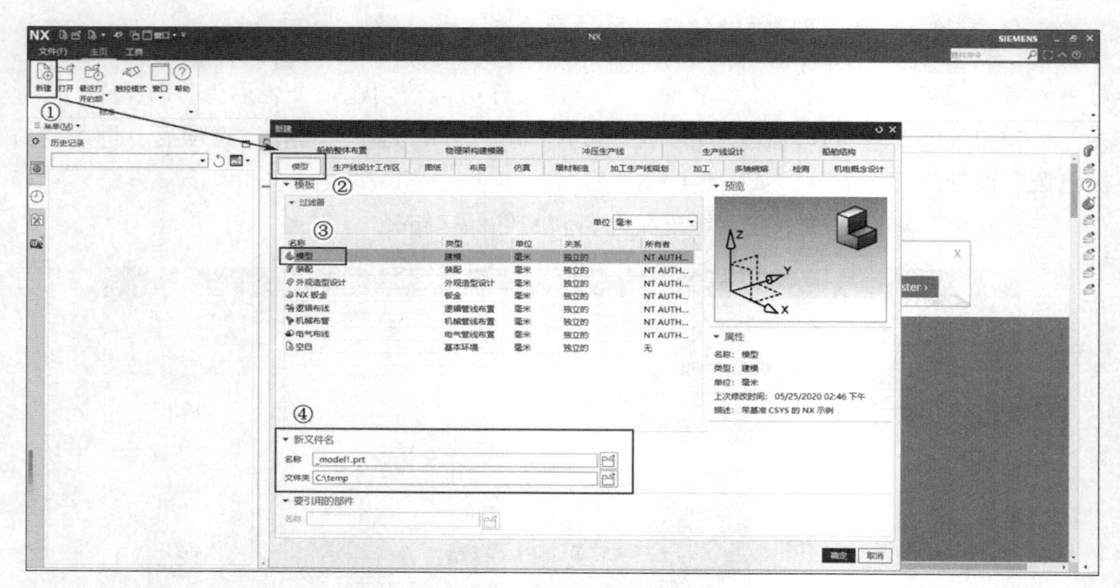

图 1-5　新建“模型”对话框

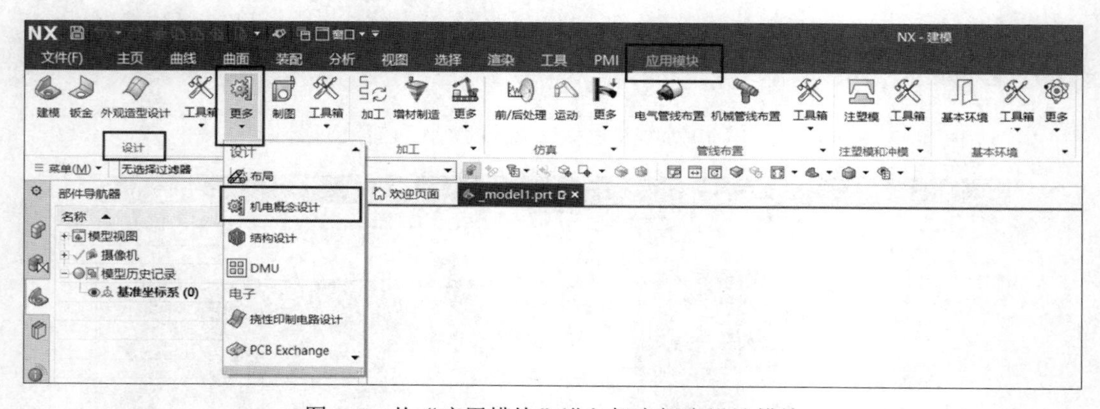

图 1-6　从“应用模块”进入机电概念设计模块

2. 机电概念设计模块界面简介

1）功能区

机电概念设计模块下的“主页”选项卡中的功能区如图1-7所示，命令功能分为“系统工程”“机械概念”“仿真”“机械”“电气”“自动化”“设计协同”七个组。

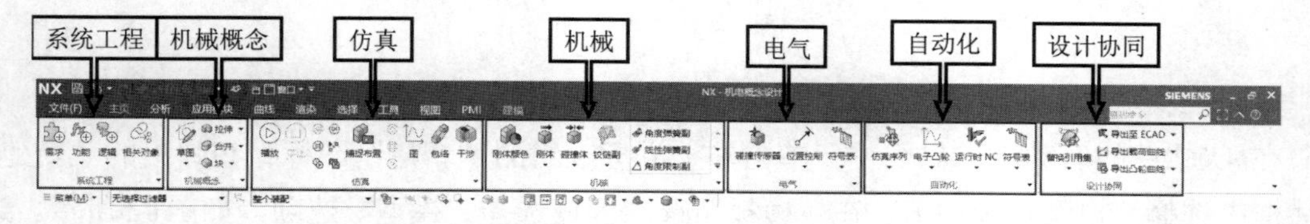

图 1-7　“主页”选项卡中的功能区

- “系统工程”组：提供了从机电概念设计至 Teamcenter 需求模型、功能模型和逻辑模型的链接。
- “机械概念”组：主要用于机械零部件的三维模型建模。
- “仿真”组：主要用于控制仿真播放、停止和调整时间标度等，以及进行快照、运动干涉验证等操作。
- “机械”组：主要用于建立机电概念设计的操作指令，如赋予三维对象物理属性、运动属性，以及各运动副之间传递运动的耦合关系、约束关系等。
- “电气”组：主要用于创建信号探测、仿真对象运动控制及电气信号传输与连接特性等。
- “自动化”组：主要用于设置自动运行的时间序列控制、运动外部信号的连接与控制以及虚拟调试等。
- “设计协同”组：主要包括机械组件装配相关命令，如凸轮曲线、载荷曲线的导出，以及 ECAD 的导入和导出等。

2）资源工具条区

资源工具条区包括“系统导航器”“机电导航器”“运行时察看器”等导航工具，不同的应用模块配置的导航工具不同。对于每一种导航器，都可以直接在其相应的项目上右击，以快速进行相应操作。图1-8所示的是资源工具条区。

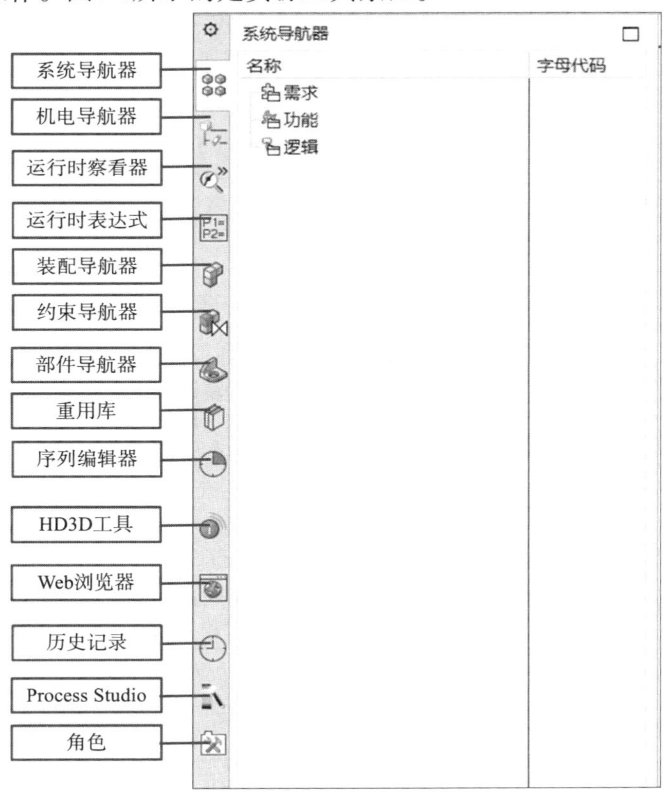

图 1-8　资源工具条区

- 系统导航器：所包含的命令与“功能区”的“系统工程”组中的同名命令含义相同。
- 机电导航器：可以添加并显示模型几何体的特征。
- 运行时察看器：可以添加并察看仿真运行过程中对象运行时的参数变化。
- 运行时表达式：可以添加并察看仿真过程中用于计算的表达式。
- 装配导航器：专用于装配模块，用于显示各零件的装配层次关系。
- 约束导航器：专用于装配模块，用于显示各零件的装配约束关系。
- 部件导航器：显示建模的先后顺序和父子关系，并记录建模过程中的特征。
- 重用库：可以直接从库中调用标准零件，访问重用对象和组件。
- 序列编辑器：显示并用于查看基于时间或基于事件的仿真序列的设置情况和运行情况，可对仿真序列进行顺序调整、链接等操作。
- HD3D 工具：提供对 HD3D 工具的访问，用于直接在 3D 模型上显示信息和进行信息交互。
- Web 浏览器：提供从软件内部对因特网的访问。
- 历史记录：显示曾经打开过的文件，可以从预览下方查看文件存放在硬盘中的路径，也可以单击预览或快速打开该文件。
- Process Studio：用于有限元分析模块，分析的过程和结果在导航器中被显示出来。
- 角色：用户可以根据自己的实际情况选取角色，也可以定制个性化的角色。

3. 其他常用功能及模块介绍

1）视图的基本操作

（1）使用鼠标操控工作视图方位。

使用鼠标可以快捷地进行视图操作，如表1-1所示。

表 1-1　使用鼠标进行视图操作

序号	视图操作	基本操作	扩展操作
1	旋转模型视图	按住鼠标中键滚轮拖动鼠标	围绕部件中心点旋转：按住鼠标中键滚轮拖动鼠标 围绕鼠标原点旋转：长按鼠标中键滚轮拖动鼠标
2	平移模型视图	同时按住鼠标中键滚轮和右键拖动鼠标	同时按住“Shift”键和鼠标中键滚轮拖动鼠标
3	缩放模型视图	同时按住鼠标中键滚轮和左键拖动鼠标	滚动鼠标中键滚轮，或者同时按住“Ctrl”键和鼠标中键滚轮拖动鼠标

（2）使用预定义视图方位。

如果要恢复正交视图或其他预定义视图，则可在图形窗口的空白区域中单击鼠标右键，在弹出的快捷菜单中选择“定向菜单”命令可以展开“定向视图”级联菜单，如图1-9所示。

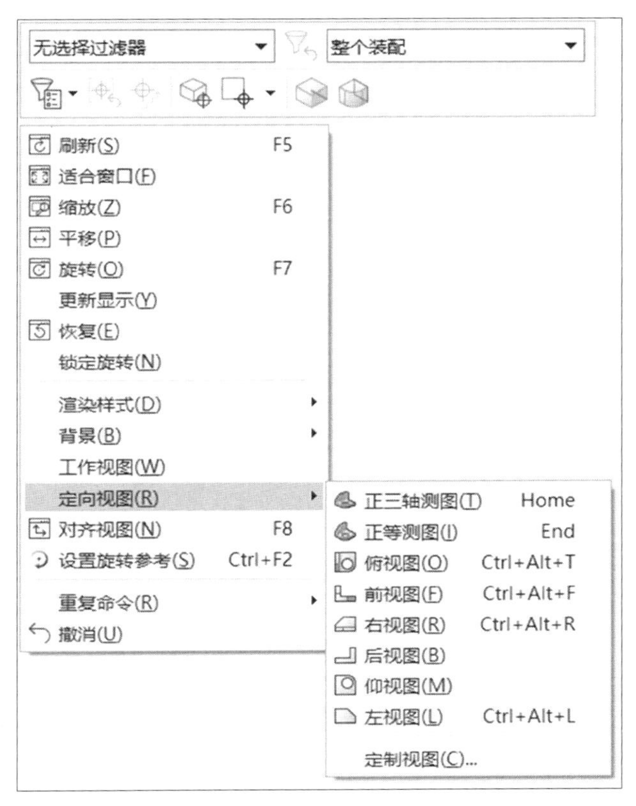

图 1-9　快捷菜单中的“定向视图”级联菜单

（3）使用快捷键切换视图方位。

用于快速切换视图方位的快捷键如表1-2所示。

表 1-2　切换视图方位的快捷键

序号	快捷键	功能
1	Home	改变当前视图到正三轴测图
2	End	改变当前视图到正等测图
3	Ctrl+Alt+T	改变当前视图到俯视图
4	Ctrl+Alt+F	改变当前视图到前视图
5	Ctrl+Alt+R	改变当前视图到右视图
6	Ctrl+Alt+L	改变当前视图到左视图
7	F8	对齐视图，改变当前视图到选择的平面、基准平面或当前视图方位最接近的平面视图（俯视图、前视图、右视图、后视图、仰视图、左视图等）
8	双击鼠标左键或Ctrl+F	适合窗口

（4）使用视图三重轴。

视图三重轴是一个视觉指示符，表示模型绝对坐标系的方位，显示在图形窗口左下角位置，如图1-10所示。

使用视图三重轴时，单击坐标轴中的任意一个轴，则会锁定该轴，按住鼠标中键滚轮并拖动鼠标时，视图将被限制只能围绕锁定轴旋转。

视图三重轴旁边的角度框会实时动态显示当前视图围绕锁定轴已旋转的角度。也可以点击角度输入框右边三角，在弹出的菜单中选择旋转角度，或者在角度输入框中直接输入角度值来精确围绕锁定轴旋转视图。

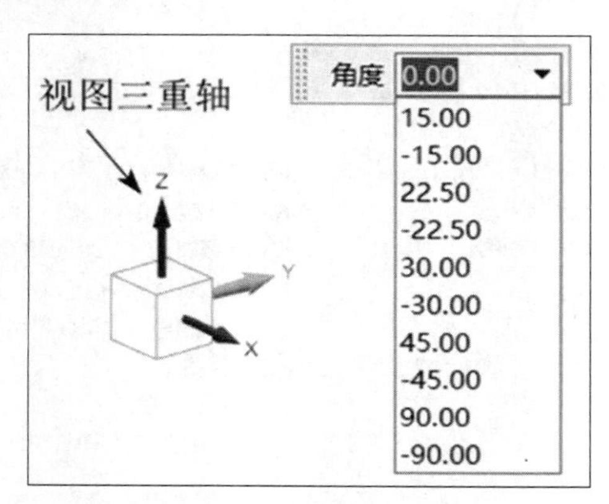

图 1-10　视图三重轴

单击视图三重轴中方块任意平面时，可以将模型旋转至所选平面的平面视图方向。按“Esc”键可退出锁定旋转轴状态。

（5）显示或隐藏部件及其他常用快捷键。

用于快速显示或隐藏部件的快捷键，及其他常用快捷键如表1-3所示。

表 1-3　常用快捷键

序号	操作	快捷键	序号	操作	快捷键
1	隐藏	Ctrl+B	5	全选	Ctrl+A
2	反转显示或隐藏	Ctrl+Shift+B	6	编辑对象显示	Ctrl+J
3	全部显示	Ctrl+Shift+U	7	删除	Ctrl+D
4	显示或隐藏	Ctrl+W	8	重复上一个命令	F4

2）装配模块

装配模块用来建立部件之间的相对位置关系，将零件组装起来以构成一个零部件或一个完整的装配模型。功能区“装配”选项卡如图1-11所示。

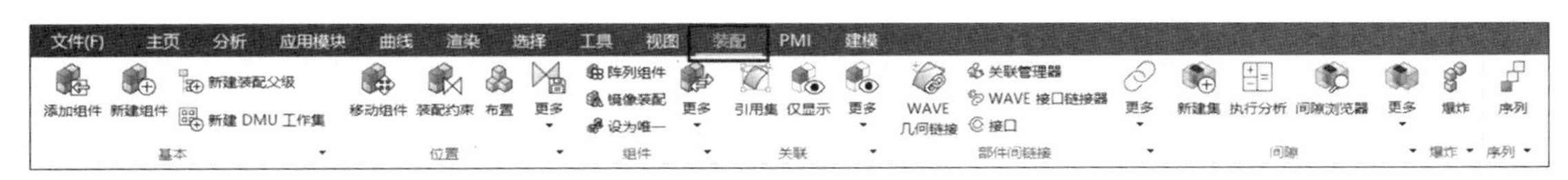

图 1-11　“装配”选项卡

装配模块常用命令如下。

（1）添加组件。

使用“添加组件”命令，可以将一个或多个组件添加到工作部件中。

在功能区“装配”选项卡“基本”面板中打开“添加组件”对话框，如图1-12所示。对话框中的参数含义如表1-4所示。

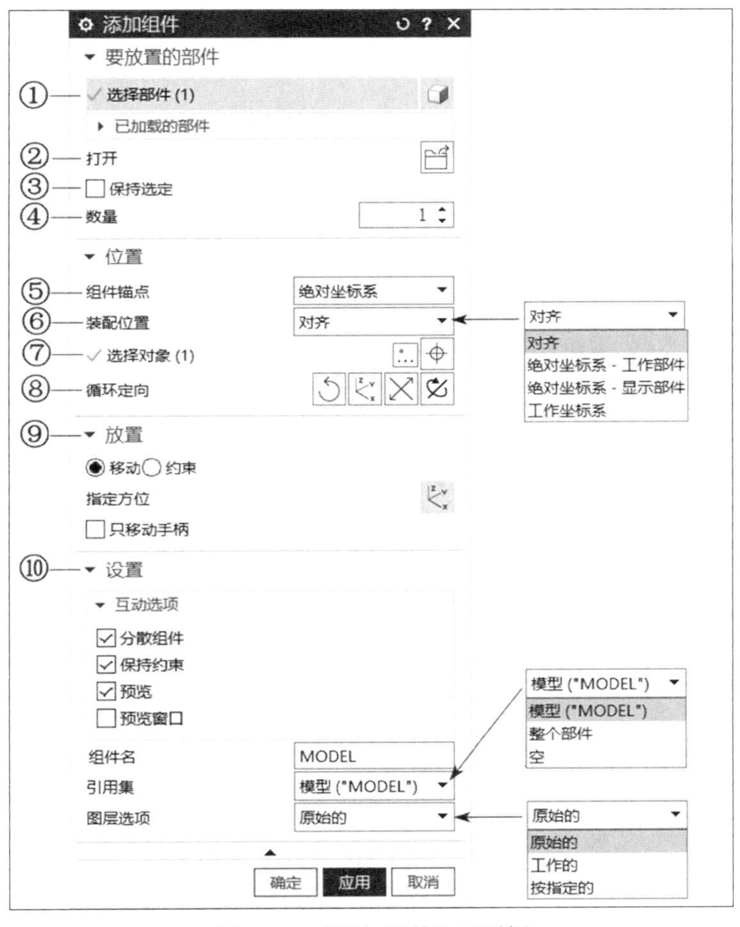

图 1-12　“添加组件”对话框

表 1-4 “添加组件”对话框中的参数含义

序号	参数名称	参数含义
①	选择部件	选择一个或多个要添加的部件
②	打开	打开“部件名”对话框，通过“部件名”对话框来选择所需的部件文件并打开；也可以从“已加载的部件”列表中选择一个或多个要添加的部件
③	保持选定	勾选后可保持部件选择，在下一次添加部件时可快速添加该部件
④	数量	在文本框中可输入要添加的实例引用数，默认值为1
⑤	组件锚点	默认为绝对坐标系，即部件的绝对原点
⑥	装配位置	① 对齐：根据装配方位和鼠标指针位置选择放置面。 ② 绝对坐标系—工作部件：组件锚点放置在工作部件的绝对原点处。 ③ 绝对坐标系—显示部件：组件锚点放置在显示部件的绝对原点处。 ④ 工作坐标系：组件锚点放置在当前工作坐标系的位置上
⑦	选择对象	当装配位置为“对齐”选项时，可以选择其他部件与新添加的部件对齐；当选择其他装配位置选项时，无此项
⑧	循环定向	① 重置：重置已对齐的位置和方向。 ② WCS：将组件定向至WCS。 ③ 反向：反转选定组件锚点的Z向。 ④ 旋转：围绕Z轴将组件从X轴旋转90°到Y轴
⑨	放置	① 移动：用于通过指定方位中的“点”对话框或坐标系控制器指定部件的方向和位置。 ② 约束：通过装配约束放置部件
⑩	设置	① 互动选项。 a. 分散组件：当添加多个组件时，可分散各个组件的位置以避免重叠。 b. 保持约束：单击“确认”或“应用”后，保持装配约束。 c. 预览：在图形窗口中预览要添加的组件。 d. 预览窗口：打开组件预览窗口，在窗口中显示要添加的组件。 ② 组件名：可在文本框中将当前所选组件的名称设置为指定的名称；如果要添加多个组件，则此文本框不可用。 ③ 引用集：在下拉列表框中设置已添加组件的引用集。 ④ 图层选项：在下拉列表框中设置要添加组件和几何体的图层

（2）移动组件。

使用“移动组件”命令，可以在装配中让所选组件在其自由度内移动，包括选择组件并使用拖动手柄去实现动态移动，建立约束可将组件移动到所需的位置。

在功能区“装配”选项卡的“位置”面板中打开“移动组件”对话框，如图1-13所示，其参数含义如表1-5所示。

图 1-13　“移动组件”对话框

表 1-5　“移动组件”对话框中的参数含义

序号	参数名称	参数含义
①	选择组件	选择一个或多个要移动的组件
②	运动	指定所选组件的移动方式。 ① 动态：在图形窗口中拖动手柄来移动或旋转组件，也可以在屏幕输入框中输入相应的值来移动组件。 ② 距离：在指定矢量方向上，从某一定义点开始以设定的距离值移动组件。 ③ 角度：围绕轴点和矢量方向以指定的角度移动组件。 ④ 点到点：从指定的一点到另一点移动组件。 ⑤ 根据三点旋转：包括枢轴点、起始点和终止点等，在其中移动组件。 ⑥ 将轴与矢量对齐：需要指定起始矢量、终止矢量和枢轴点，围绕枢轴点在两个定义的矢量之间移动组件。 ⑦ 坐标系到坐标系：从一个坐标系到另一个坐标系移动组件。 ⑧ 根据约束：添加装配约束来移动组件。 ⑨ 增量XYZ：基于显示部件的绝对或WCS位置加入XC、YC、ZC相对距离来移动组件
③	指定方位	指定组件移动的方位，可在“场景”对话框中输入X、Y和Z值，也可使用手柄拖动或旋转组件
④	只移动手柄	选中后只移动手柄，而不会移动组件
⑤	复制	可以选择“不复制”“复制”“手动复制”来设定复制模式
⑥	设置	可以设置是否仅移动选定的组件，指定布置选项和动画步骤，以及设置碰撞检测选项等

（3）装配约束。

“装配约束”命令用于定义组件在装配体中的位置。每个约束都会限制组件在装配体中的一个或几个自由度，从而确定组件的位置。可以在添加组件的过程中添加约束，也可以在添加组件完成后再添加约束。如果组件的自由度被全部限制，则称为完全约束；如果组件的自由度没有被全部限制，则称为欠约束。

在功能区“装配”选项卡的“位置”面板中打开“装配约束”对话框，如图1-14所示，其参数含义如表1-6所示。

图 1-14 “装配约束”对话框

表 1-6 “装配约束”对话框中的参数含义

序号	参数名称	参数含义	
①	类型	接触对齐	约束两个组件，以使它们相互接触或对齐
		同心	约束两个组件的圆形边或椭圆形边，以使中心重合并使边的平面共面
		距离	指定两个对象之间的最小3D距离
		固定	将组件固定在其当前位置上
		平行	将两个对象的矢量方向定义为相互平行
		垂直	将两个对象的矢量方向定义为相互垂直
		对齐/锁定	将两个对象的边线或轴线对齐或锁定
		= 配合	将半径相等的两个圆柱面结合在一起

（续表）

序号	参数名称	参数含义	
		胶合	将组件约束在一起，以使它们作为刚体移动
		居中	使一对对象之间的一个或两个对象居中，或使一对对象沿另一个对象居中
		角度	定义两个对象之间的角度尺寸
②	要约束的几何体	定义要约束的几何体	
③	设置	可以设置要启用的约束和运动副或耦合副，以及其他装配约束相关设置。 ① 布置：用于指定约束如何影响其他布置中的组件定位。 ② 动态定位：用于指定NX解算约束并在创建约束时移动组件。 ③ 关联：在定义装配约束时，用于确定该约束是否与其他组件保持关联。 ④ 移动曲线和管线布置对象：用于在约束中使用管线布置对象和相关曲线时移动它们。 ⑤ 动态更新管线布置实体：用于动态更新管线布置实体	

3）分析模块（模型的测量）

分析模块中的“测量”命令用于计算对象或对象集的不同测量值。

功能区“分析”选项卡如图1-15所示，在“测量”面板中打开“测量”对话框，如图1-16所示，其参数含义如表1-7所示。

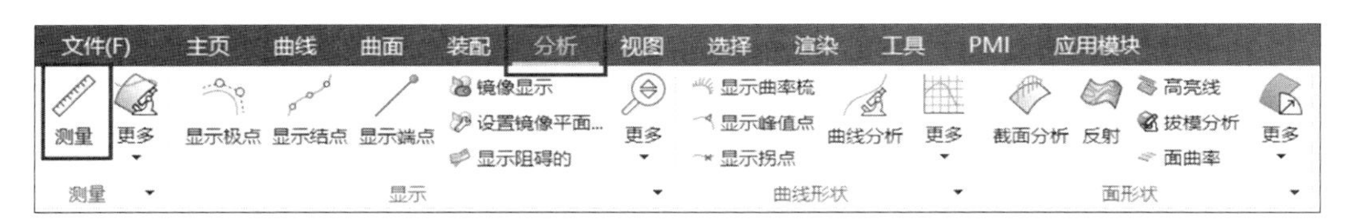

图 1-15　“分析”选项卡

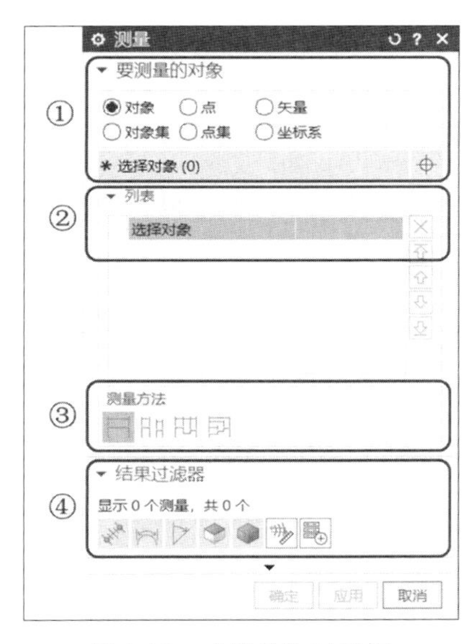

图 1-16　“测量”对话框

表 1-7 “测量”对话框中的参数含义

序号	参数名称	参数含义
①	要测量的对象	指定测量对象的类型
②	列表	列出已选择的对象，列表中的对象可进行删除、上移或下移调整位置等操作
③	测量方法	有自由、对象对、对象链和通过参考对象四种测量方法，默认和常用的是“自由”测量方法。 ① 自由：选择任意一个或两个测量对象。 ② 对象对：可以测量一组或多组测量对象，每组为两个对象，各组测量对象之间各自独立不相连。 ③ 对象链：按照选择顺序连续测量一系列对象。 ④ 通过参考对象：在一个参考对象与其他对象之间进行测量，列表中的第一个对象为参考对象
④	结果过滤器	用于设置需要显示的测量结果，可以设置测量距离、曲线/边、角度、面和体等测量结果

4. 定义基本机电对象——刚体、碰撞体、对象源

基本机电对象是指，给三维模型设置物理属性，使模型能够仿真真实世界中物体的质量、惯性、摩擦、碰撞等物理特性。

1）刚体（Rigid Body）

刚体是指，在运动过程中或受到力的作用后形状和大小不变，而且内部各点的相对位置不变的物体。使用“刚体”命令，可以将零部件定义为可移动零部件，没有刚体的物体是完全静止的。

在机电概念设计中，将一个独立的三维模型设置为刚体对象后，该模型在仿真过程中就具备了质量特性，可接受外力与扭矩，并能受到重力或其他作用力的影响，同时也具备了惯性、平移、角速度等物理属性。非刚体的模型因不具有物理属性而完全静止。

在创建刚体的时候，在一个或多个模型组成的组件上只能设置一个刚体。

调用“刚体”命令的方式有三种。

方式一：在机电概念设计模块中，单击“主页”→“刚体”，如图1-17所示。

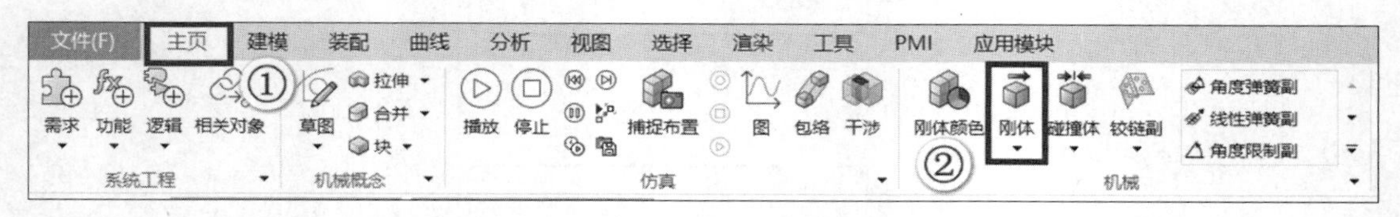

图 1-17 调用“刚体”命令的方式一

方式二：在资源工具条中，单击“机电导航器”→右击“基本机电对象”→单击“创建机电对象”→“刚体”，如图1-18所示。

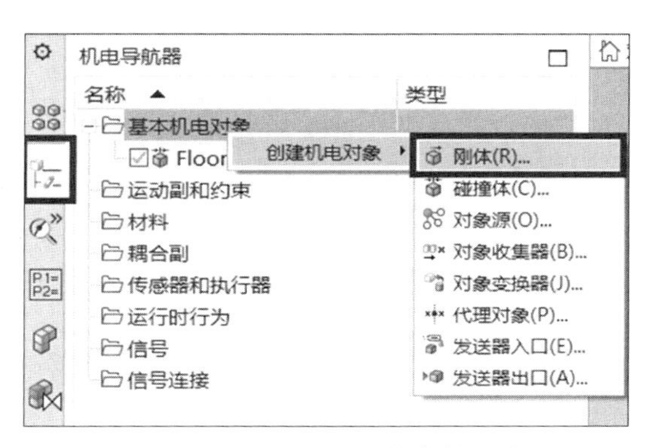

图 1-18　调用“刚体”命令的方式二

方式三：在机电概念设计模块中，单击“菜单”→“插入”→“基本机电对象”→“刚体”，如图1-19所示。

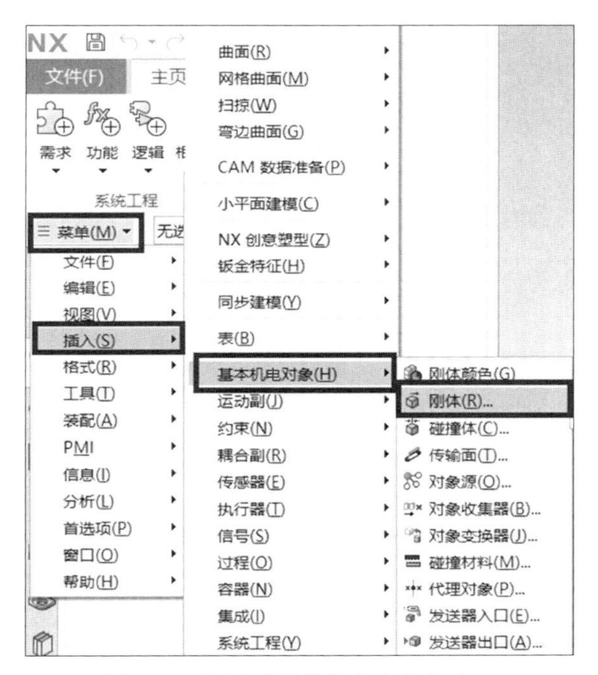

图 1-19　调用“刚体”命令的方式三

“刚体”对话框打开后如图1-20所示，其参数含义如表1-8所示。

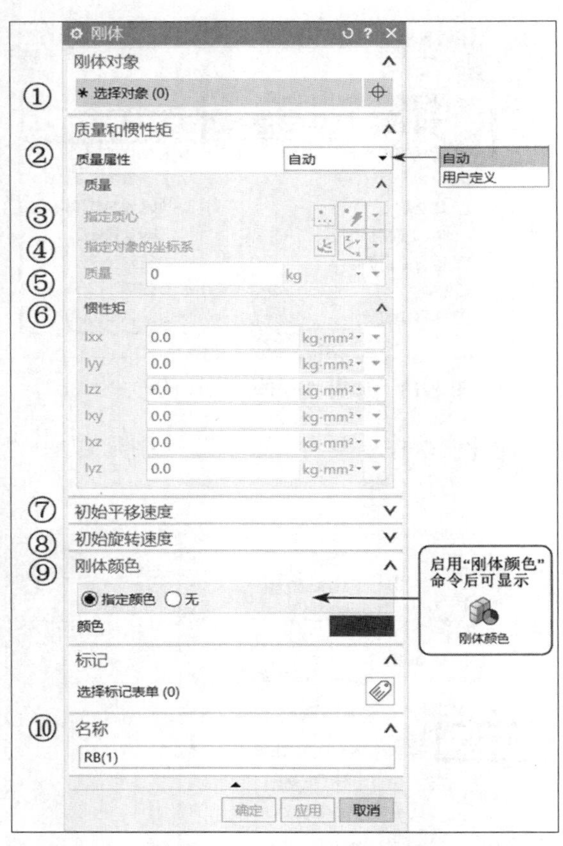

图 1-20 “刚体”对话框

表 1-8 “刚体”对话框中的参数含义

序号	参数名称	参数含义
①	选择对象	选择一个或同时选择多个几何体，所选择的几何体将会生成一个刚体
②	质量属性	① 选择“自动”，系统根据几何体材料属性计算质量和惯性矩的值； ② 选择“用户定义”，用户可手动输入质量和惯性矩的值
③	指定质心	手动选择一个点作为刚体的质心
④	指定对象的坐标系	定义对象的坐标系，该坐标系可作为计算惯性矩的依据
⑤	质量	设置对象的质量值
⑥	惯性矩	设置各惯性矩的值以定义惯性矩阵
⑦	初始平移速度	设置刚体的初始平移速度
⑧	初始旋转速度	设置刚体的初始旋转速度
⑨	刚体颜色	① 选择“指定颜色”可更改模拟中刚体的显示颜色，以不同的颜色显示各刚体，但需启用“刚体颜色”命令才能显示； ② 选择“无”，刚体颜色为白色； ③ 设置的刚体的颜色可在“机电导航器”的“颜色”列中查看
⑩	名称	设置刚体的名称

2）碰撞体（Collision Body）

碰撞体用于定义对象如何与其他同样具有碰撞体的物理对象产生碰撞。碰撞体要与刚体一起添加到模型上才能触发碰撞。在仿真过程中，当两个都定义了碰撞体的刚体相互碰撞时，物理引擎才会计算碰撞，否则，没有定义碰撞体的刚体会彼此相互穿过。

调用“碰撞体”命令的方式有三种。

方式一：在机电概念设计模块中，单击“主页”→“碰撞体”，如图1-21所示。

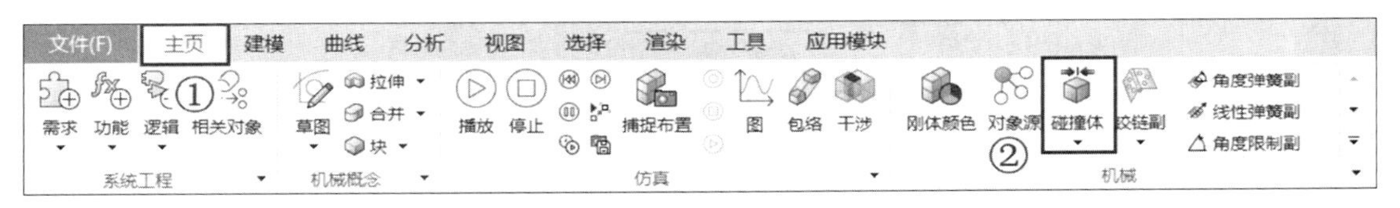

图 1-21　调用“碰撞体”命令的方式一

方式二：在资源工具条中，单击“机电导航器”→右击“基本机电对象”→单击“创建机电对象”→“碰撞体”，如图1-22所示。

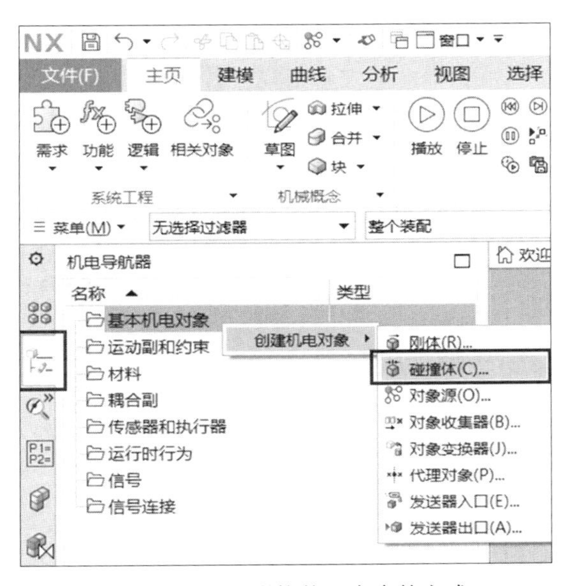

图 1-22　调用“碰撞体”命令的方式二

方式三：在机电概念设计模块中，单击“菜单”→“插入”→“基本机电对象”→“碰撞体”，如图1-23所示。

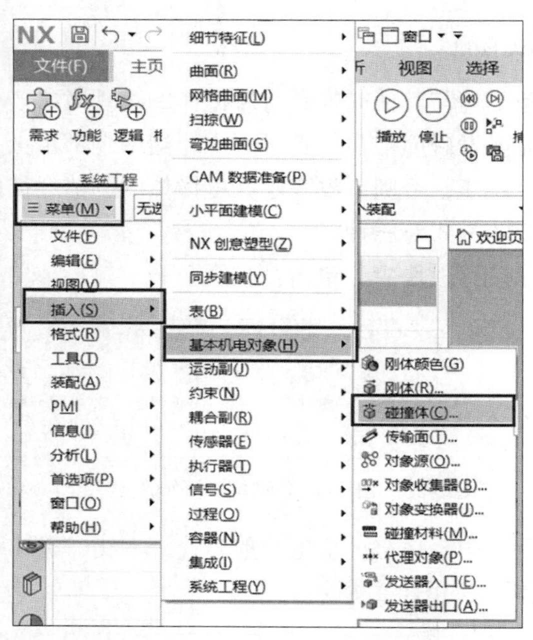

图 1-23 调用“碰撞体”命令的方式三

“碰撞体”对话框打开后如图1-24所示，其参数含义如表1-9所示。

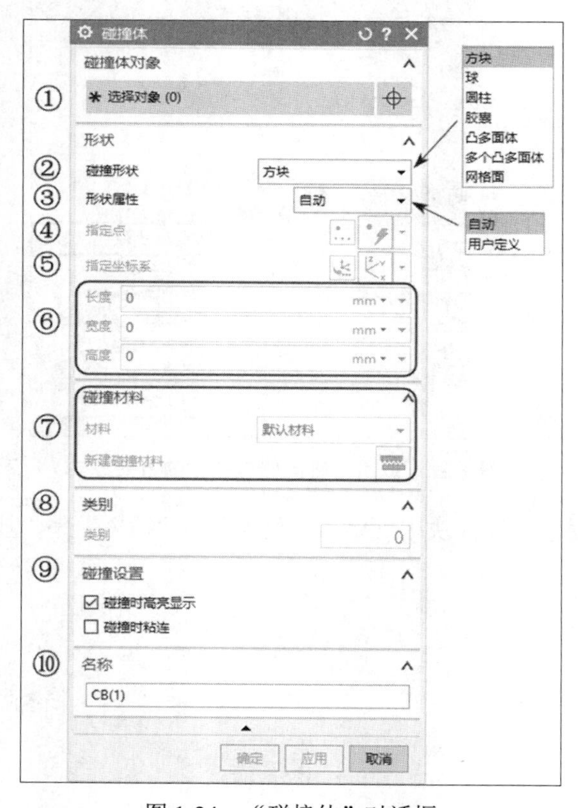

图 1-24 “碰撞体”对话框

表 1-9　“碰撞体”对话框中的参数含义

序号	参数名称	参数含义
①	选择对象	选择一个或多个几何体，系统会根据所选择的几何体生成碰撞体
②	碰撞形状	选择碰撞形状，包括方块、球、圆柱、胶囊、凸多面体、多个凸多面体、网格面
③	形状属性	① 选择“自动”，系统按默认碰撞形状自动计算形状特性参数； ② 选择“用户定义”，用户可手动输入相关参数
④	指定点	手动指定碰撞形状的几何中心点
⑤	指定坐标系	为当前的碰撞形状指定坐标系
⑥	碰撞形状尺寸（长度、宽度、高度）	定义碰撞形状的尺寸，根据所选的碰撞形状不同，尺寸参数也不同
⑦	碰撞材料	为碰撞体设置碰撞材料或新建碰撞材料，碰撞材料决定以下属性：静摩擦力、动摩擦力、滚动摩擦、恢复
⑧	类别	设置碰撞体与哪个几何体发生碰撞。 ① 碰撞体类别默认为“0”，表示能够与所有类别的碰撞体发生碰撞。 ② 碰撞体设置为不同的碰撞类别，则碰撞体仅与碰撞类别为“0”和具有相同碰撞类别的碰撞体发生碰撞
⑨	碰撞设置	① 碰撞时高亮显示：碰撞体在与其他相同碰撞类别的几何体碰撞时高亮显示。 ② 碰撞时粘连：设置要附加到另一个碰撞体的碰撞体
⑩	名称	设置碰撞体的名称

机电概念设计模块使用简化的碰撞形状来封装几何对象并进行碰撞计算，其提供了多种碰撞模型，分别是方块、球、圆柱、胶囊、凸多面体、多个凸多面体和网格面等七种碰撞形状。

通常，碰撞形状的几何精度越高，越容易出现穿透失败和模拟不稳定的情况，导致模型仿真不稳定，出现抖动、延迟等现象，同时也会占用更多的计算资源和性能。因此，一般推荐使用尽量简化的碰撞形状设置碰撞体，以高效计算碰撞关系。

根据碰撞形状的几何精度不同，碰撞形状的仿真性能从高到低依次是：方块 > 球 > 圆柱 > 胶囊 > 凸多面体 > 多个凸面体 > 网格面，如表1-10所示。

表 1-10　碰撞形状

形状	图片示例	几何精度	可靠性	仿真性能
方块	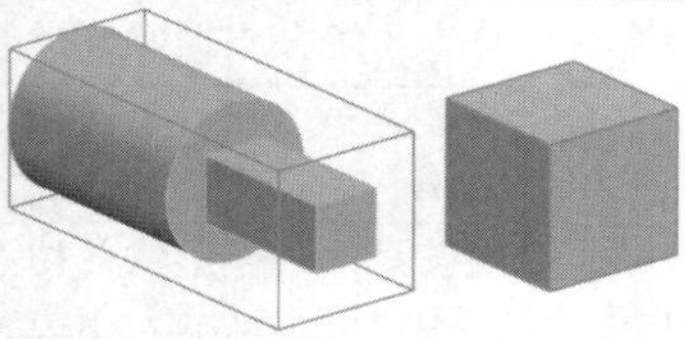	低	高	高
球	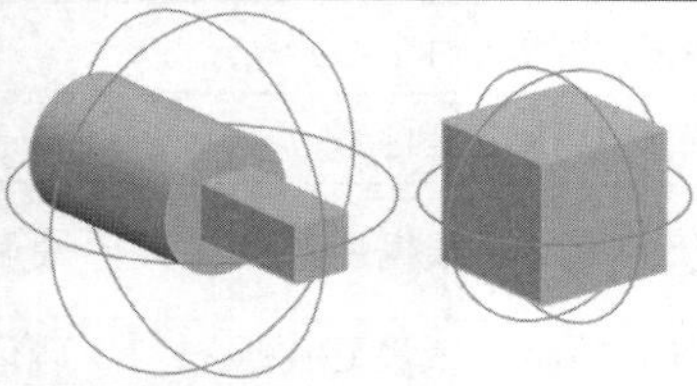	低	高	高
圆柱	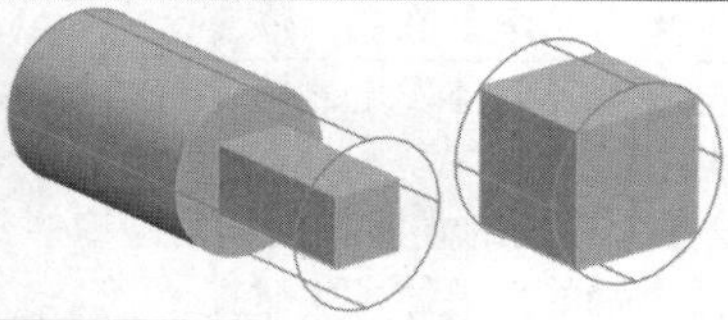	低	高	高
胶囊	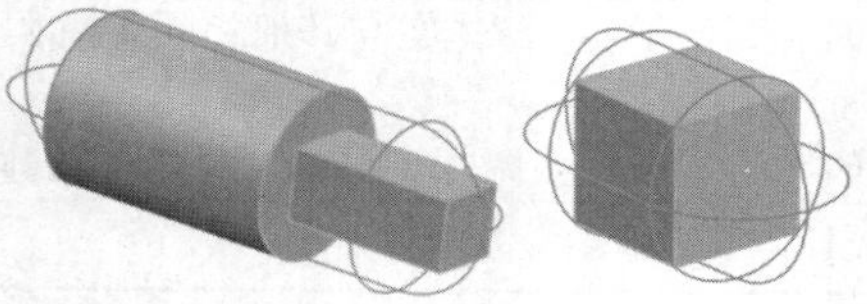	低	高	高
凸多面体	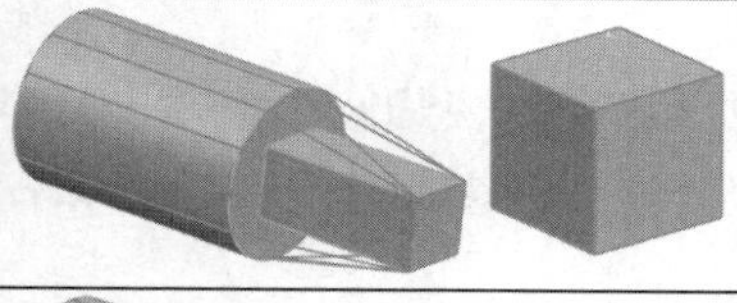	中	高	中
多个凸多面体	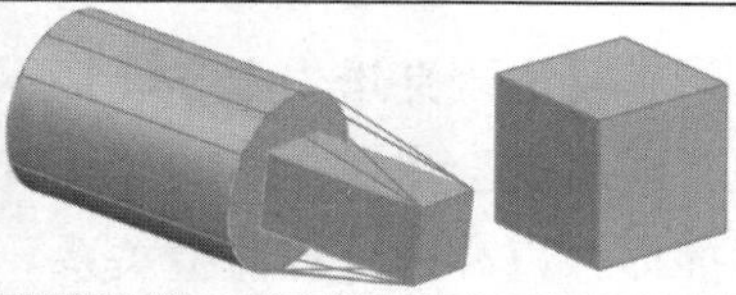	中	高	中
网格面		高	低	低

3）对象源（Object Source）

对象源是指，在特定时间间隔或基于事件触发，创建多个外观、属性相同的对象，常用于物料流案例中。

调用“对象源”命令的方式有三种。

方式一：在机电概念设计模块中，单击“主页”→“刚体”下拉箭头→“对象源”，如图1-25所示。

图 1-25　调用“对象源”命令的方式一

方式二：在资源工具条中，单击“机电导航器”→右击“基本机电对象”→单击“创建机电对象”→“对象源”，如图1-26所示。

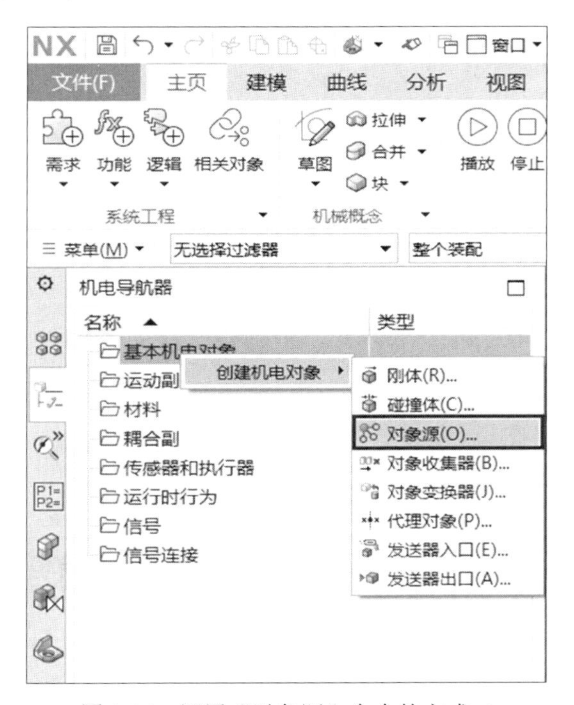

图 1-26　调用“对象源”命令的方式二

方式三：在机电概念设计模块中，单击“菜单”→“插入”→“基本机电对象”→“对象源”，如图1-27所示。

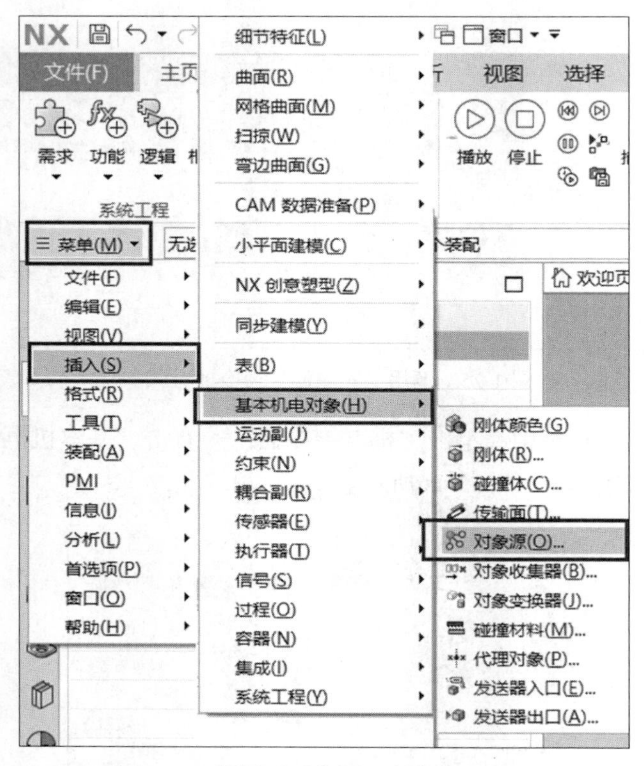

图 1-27　调用“对象源”命令的方式三

“对象源”对话框打开后如图1-28所示，其参数含义如表1-11所示。

图 1-28　“对象源”对话框

表 1-11 “对象源”对话框中的参数含义

序号	参数名称	参数含义
①	选择对象	选择一个或多个几何体，所选择的几何体将会生成对象源
②	触发	选择触发复制的方式。 ① 基于时间：在特定的时间间隔内触发复制。 ② 每次激活时一次：每激活就发生一次复制
③	时间间隔	选择“基于时间”时才可用，设置时间间隔，时间单位有s、min、hour、ms、μs
④	起始偏置	选择“基于时间”时才可用，设置在创建第一个对象之前等待的时间
⑤	名称	设置对象源的名称

5. 定义执行器——传输面（Transport Surface）

传输面是指，将指定的表面设置为“传送带”，当具有刚体属性的物体放置在传输面上时，该物体会按照传输面设定的速度和方向进行传送。传输面可以设置为直线形或圆形的传送轨迹，并设置碰撞体属性。

调用“传输面”命令的方式有三种。

方式一：在机电概念设计模块中，单击“主页”→“碰撞体”下拉箭头→“传输面”，如图1-29所示。

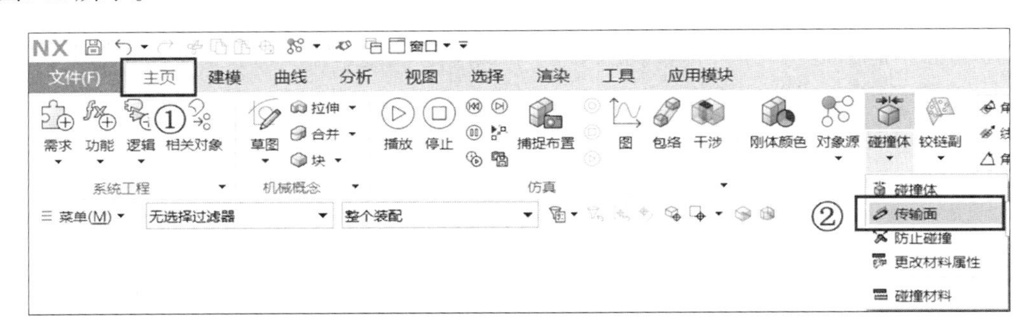

图 1-29 调用“传输面”命令的方式一

方式二：在资源工具条中，单击“机电导航器”→右击“传感器和执行器”→单击“创建机电对象”→“传输面”，如图1-30所示。

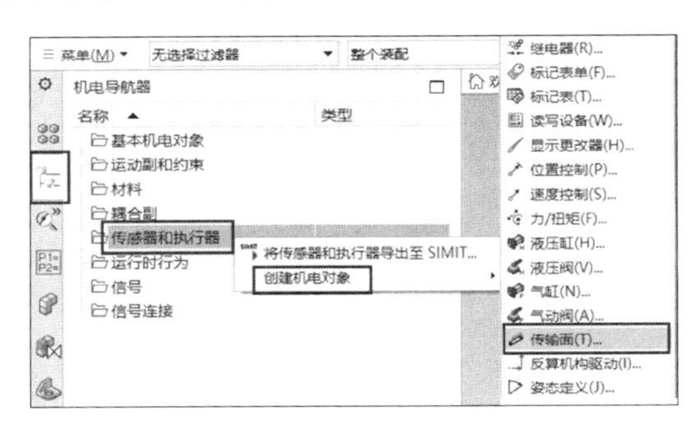

图 1-30 调用“传输面”命令的方式二

方式三：在机电概念设计模块中，单击“菜单”→“插入”→“基本机电对象”→“传输面”，如图1-31所示。

图 1-31　调用“传输面”命令的方式三

“传输面”对话框打开后，运动类型为“直线”时如图1-32所示，运动类型为“圆”时如图1-33所示，其参数含义如表1-12所示。

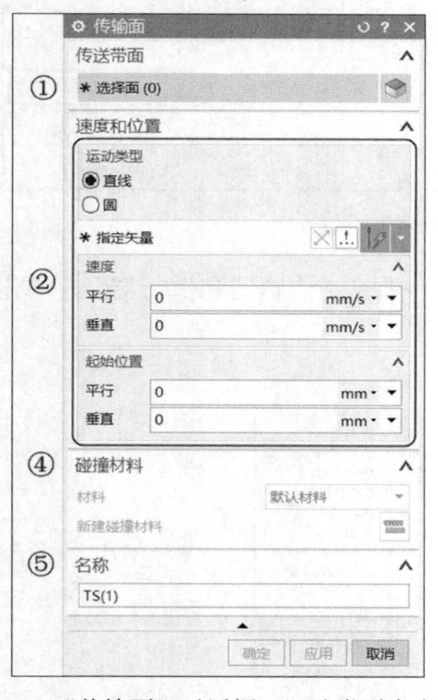

图 1-32　“传输面”对话框（运动类型为直线）

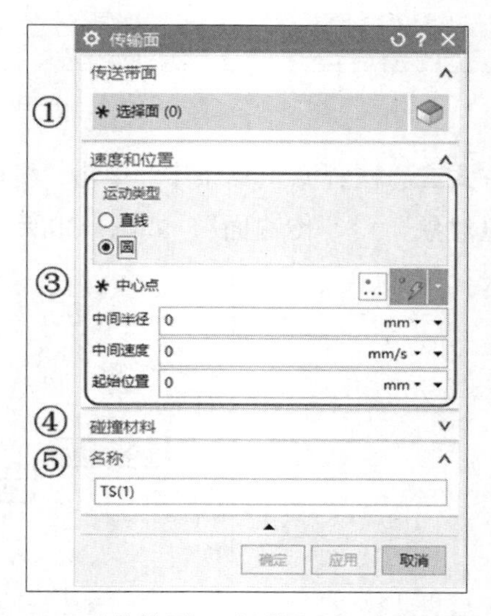

图 1-33　“传输面”对话框（运动类型为圆）

表 1-12　“传输面”对话框中的参数含义

序号	参数名称	参数含义	
①	选择面	选择一个平面作为传输面	
②	运动类型为直线	指定矢量	指定传输方向的矢量
		速度	平行：设置选定矢量方向的传输速度。 垂直：设置垂直于选定矢量方向上的速度
		起始位置	平行：设置平行起始位置，使用位置控制执行器时可用此设置初始位置。 垂直：使用位置控制执行器时设置垂直起始位置
③	运动类型为圆	中心点	选择一个点作为“圆弧”运动的圆心
		中间半径	设置圆心到圆弧传输面中点之间的距离
		中间速度	设置圆弧传输面中点位置的速度
		起始位置	设置圆弧传输面的起始位置，使用位置控制执行器时可用此设置初始位置
④	碰撞材料	设置传输面的碰撞材料	
⑤	名称	设置传输面的名称	

1.4　任务实施

1. 模型建模

模型中各个部件的尺寸及相对位置关系，如图1-34所示。

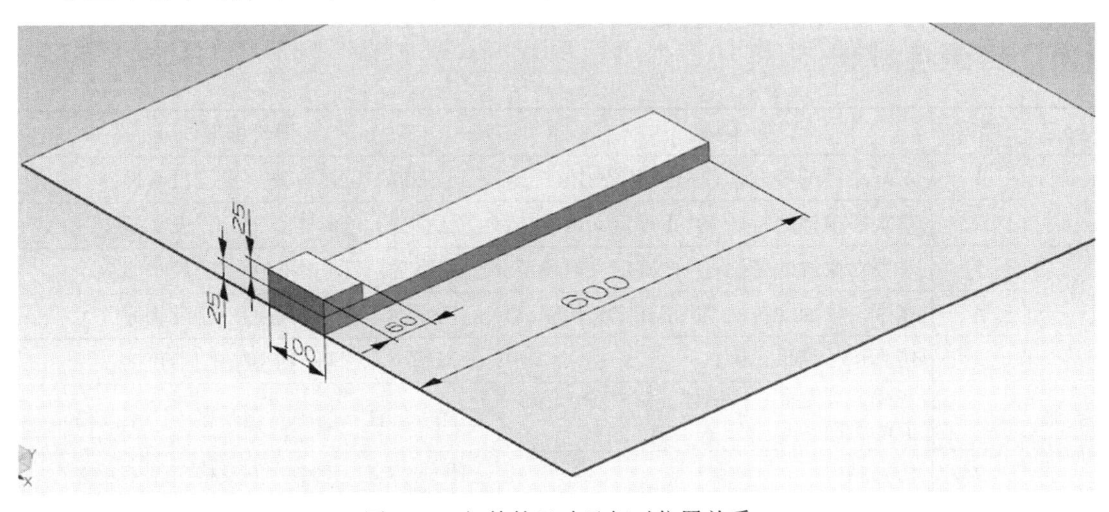

图 1-34　部件的尺寸及相对位置关系

2. 运动仿真

一、设置基本机电对象		
名称	部件名称及参数	数量
刚体	部件名称：	共____个
碰撞体	① 部件名称：　　　碰撞形状： ②	共____个
对象源	① 部件名称：　　　触发方式： 其他参数： ②	共____个
二、设置传输面		
名称	部件名称及参数	数量
传输面	① 部件名称：　　　运动类型： 矢量方向：　　　速度： ②	共____个

1.5 思考与练习

1. 在机电概念设计中，刚体的作用是________________________________。

2. 当两个刚体相互碰撞在一起，定义____________时物理引擎才会进行碰撞计算。在仿真模拟中，没有____________的刚体会彼此相互穿过。

3. 利用____________命令可以在特定时间间隔创建多个形状、属性相同的对象。

4. 传输面的运动类型有____________和____________两种。

1.6 检查与评价

项目	序号	内容	评价标准
自我评价	1	掌握刚体的特性，并正确定义刚体	□已掌握　□基本掌握　□没掌握
	2	掌握碰撞体的特性，并正确定义碰撞体	□已掌握　□基本掌握　□没掌握
	3	掌握对象源的特性，并正确定义对象源	□已掌握　□基本掌握　□没掌握
	4	掌握传输面的特性，并正确定义传输面	□已掌握　□基本掌握　□没掌握
	5	仿真运行结果正确	□正确　□基本正确　□不正确
教师评价	1	正确设置刚体、碰撞体、对象源、传输面的参数	□优　□良　□中　□及格　□不及格
	2	仿真结果	□优　□良　□中　□及格　□不及格
成绩评定		□优　□良　□中　□及格　□不及格	

任务 2　多层传输带三维模型建模及运动仿真

2.1　任务目标

- ❖ 掌握简单机电对象模型三维建模的方法。
- ❖ 掌握碰撞体及碰撞材料的设置方法。
- ❖ 掌握碰撞传感器、对象收集器的设置方法。

2.2　任务描述

多层传输带模型如图1-35所示。

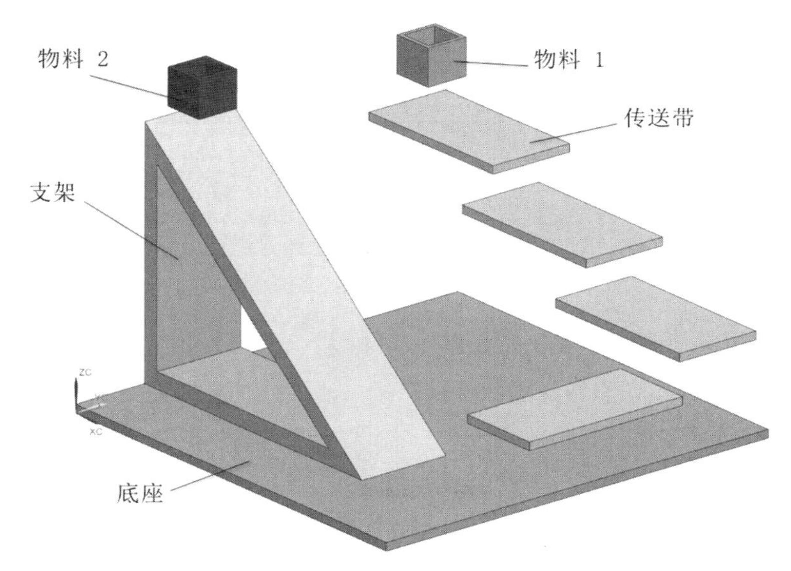

图 1-35　多层传输带模型

按图1-35中所示模型建模后，运用机电概念设计模块进行运动仿真。

动作流程描述：每隔一定的时间间隔生成相同的物料1（时间间隔自行确定），然后物料1沿着4条水平传送带依次向前运动并传送掉落到底座上。当物料1碰到从支架斜面上滑落到底座上的物料2后，物料1被收集消失。

2.3　相关知识

1. 传感器——碰撞传感器（Collision Sensor）

当发生碰撞时传感器会输出一个信号，利用碰撞传感器触发产生的信号，来触发和控制某些操作、执行机构动作的开始或停止。

调用“碰撞传感器”命令的方式有三种。

方式一：在机电概念设计模块中，单击“主页”→“碰撞传感器”，如图1-36所示。

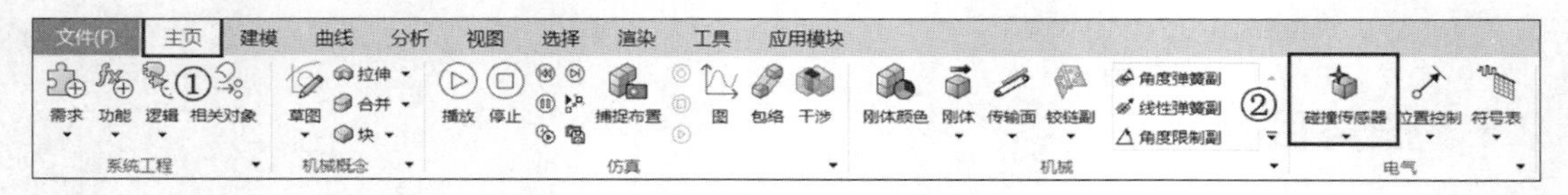

图 1-36　调用“碰撞传感器”命令的方式一

方式二：在资源工具条中，单击“机电导航器”→右击“传感器和执行器”→单击“创建机电对象”→“碰撞”，如图1-37所示。

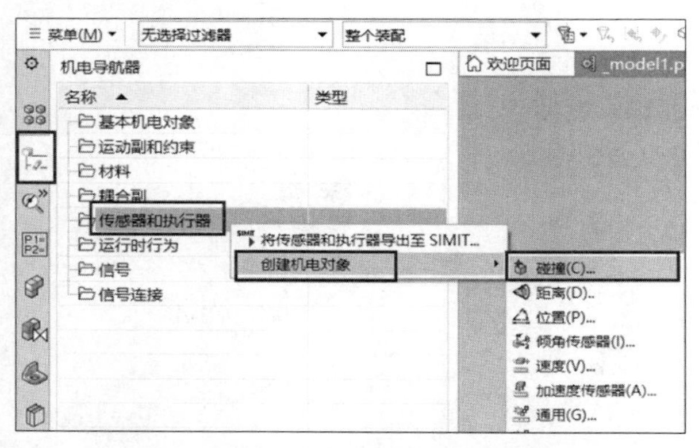

图 1-37　调用“碰撞传感器”命令的方式二

方式三：在机电概念设计模块中，单击“菜单”→“插入”→“传感器”→“碰撞”，如图1-38所示。

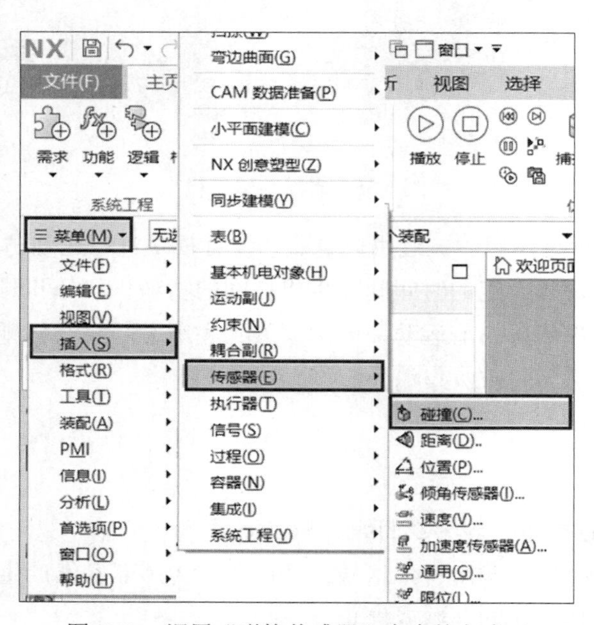

图 1-38　调用“碰撞传感器”命令的方式三

“碰撞传感器”对话框打开后如图1-39所示，其参数含义如表1-13所示。

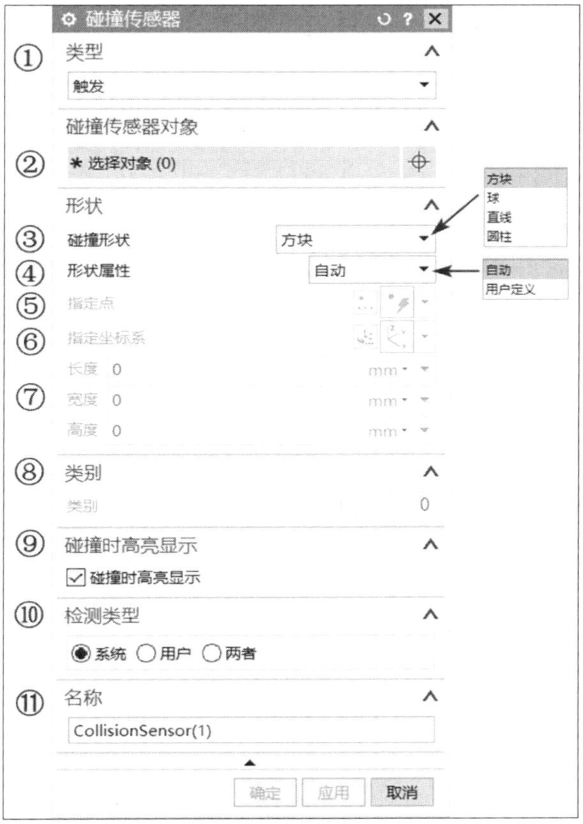

图 1-39　“碰撞传感器”对话框

表 1-13　“碰撞传感器”对话框中的参数含义

序号	参数名称	参数含义
①	类型	选择碰撞传感器执行方式。 ① 触发：当检测到碰撞时，碰撞传感器触发状态为true，否则为false。 ② 切换：每次碰撞发生时，碰撞传感器触发状态与当前状态相反，并保持碰撞后的触发状态，直到下一次碰撞发生
②	选择对象	选择几何体对象作为碰撞传感器
③	碰撞形状	用于选择碰撞传感器周围检测区域的形状，碰撞形状类型有：方块、球、直线、圆柱
④	形状属性	显示指定碰撞特性的方法。 ① 自动：根据所选碰撞形状，系统自动计算碰撞传感器区域。 ② 用户定义：用户可手动输入自定义的参数
⑤	指定点	当形状属性选择“用户定义”时，用于指定碰撞形状的几何中心点
⑥	指定坐标系	当形状属性选择“用户定义”时，用于为当前碰撞形状指定坐标系
⑦	碰撞形状尺寸（长度、宽度、高度）	当形状属性选择“用户定义”时，根据所选碰撞形状，用户可自定义碰撞形状的参数和尺寸

（续表）

序号	参数名称	参数含义
⑧	类别	① 碰撞传感器类别默认为“0”,表示能够与所有类别的碰撞体发生碰撞。 ② 如果设置为不同的碰撞类别，则碰撞传感器仅与碰撞类别为“0”和具有相同碰撞类别的碰撞体发生碰撞，即只有定义了起作用的类别才会触发碰撞事件，碰撞传感器和碰撞体拥有同一个类别系统
⑨	碰撞时高亮显示	碰撞传感器被触发时高亮显示
⑩	检测类型	设置碰撞传感器状态何时从活动变为非活动的输入类型。 ① 系统：每当具有相应类别的碰撞体接触碰撞传感器时，碰撞传感器的状态就会发生变化。 ② 用户：在图形窗口中出现一个控制按钮，可以控制碰撞传感器状态。 ③ 两者：上述两种功能都具备
⑪	名称	设置碰撞传感器的名称

2. 基本机电对象——对象收集器（Object Sink）

当对象源生成的对象与对象收集器发生碰撞时，对象源生成的对象消失。对象收集器需要与碰撞传感器同时使用，且只有对象源产生的对象才可以被对象收集器消除。

调用“对象收集器”命令的方式有三种。

方式一：在机电概念设计模块中，单击“主页”→“刚体”下拉箭头→“对象收集器”，如图1-40所示。

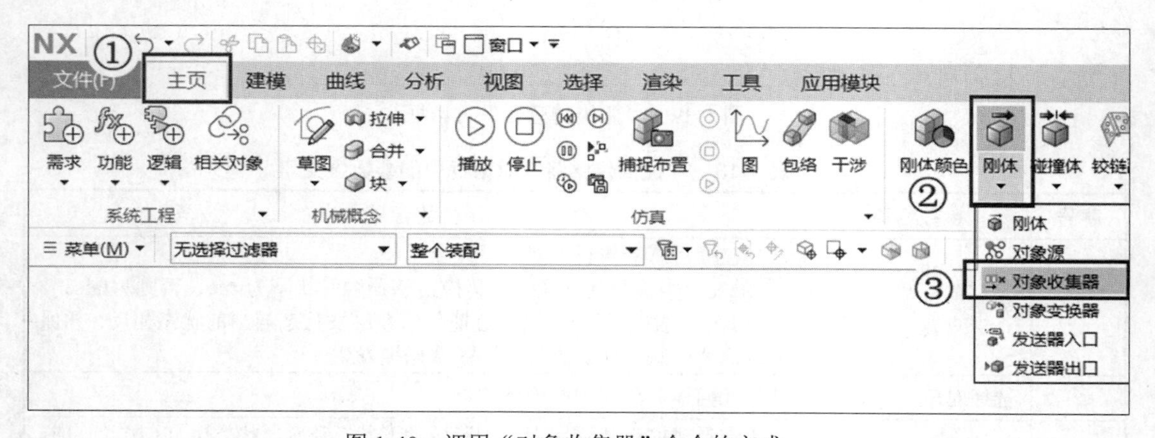

图 1-40　调用“对象收集器”命令的方式一

方式二：在资源工具条中，单击“机电导航器”→右击“基本机电对象”→单击“创建机电对象”→“对象收集器”，如图1-41所示。

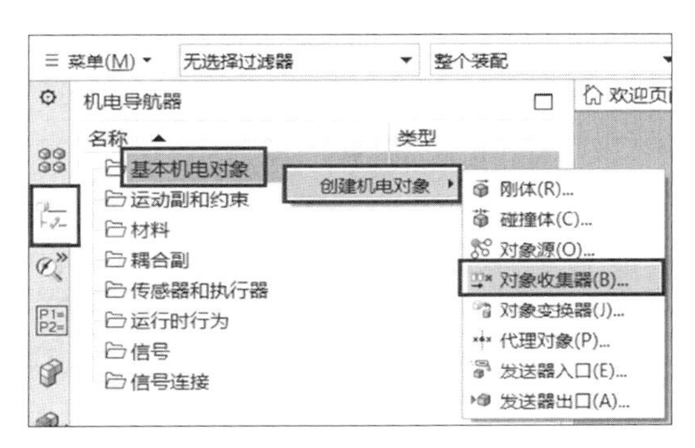

图 1-41　调用“对象收集器”命令的方式二

方式三：在机电概念设计模块中，单击“菜单”→“插入”→“基本机电对象”→“对象收集器”，如图1-42所示。

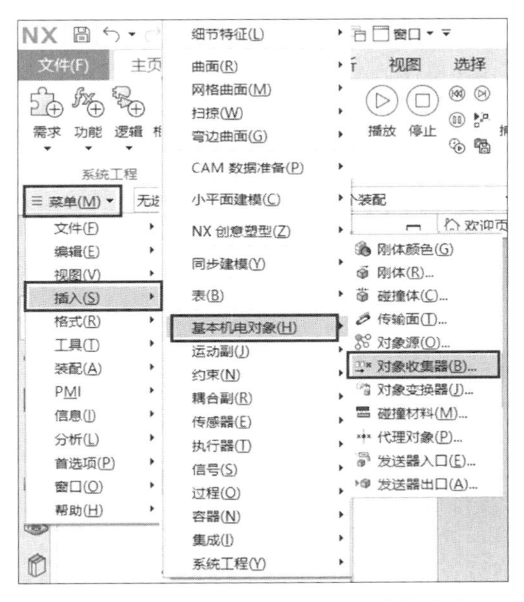

图 1-42　调用“对象收集器”命令的方式三

“对象收集器”对话框打开后如图1-43所示，其参数含义如表1-14所示。

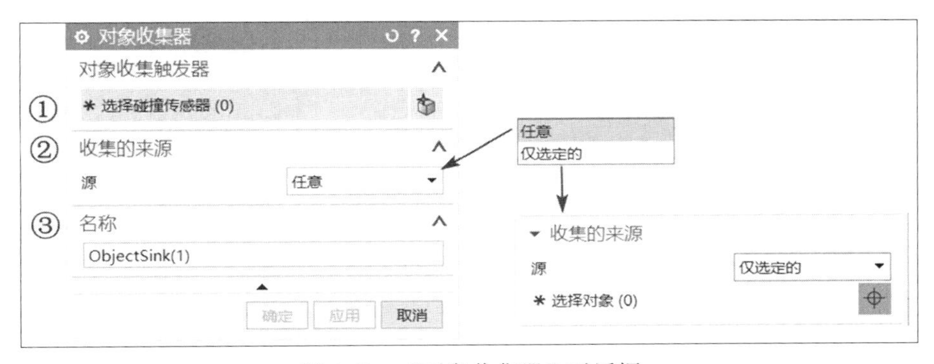

图 1-43　“对象收集器”对话框

表 1-14 “对象收集器”对话框中的参数含义

序号	参数名称	参数含义
①	选择碰撞传感器	选择碰撞传感器以触发对象收集器
②	收集的来源	“源”指的是对象源，指定对象收集器要收集的对象。 ① 任意：任何对象源生成的对象与碰撞传感器发生碰撞时都会被消除。 ② 仅选定的：只有指定的对象源生成的对象与碰撞传感器发生碰撞时才会被消除
③	名称	设置对象收集器的名称

2.4 任务实施

1. 模型建模

（1）创建零件的三维模型。

零件模型的尺寸如图1-44至图1-47所示。

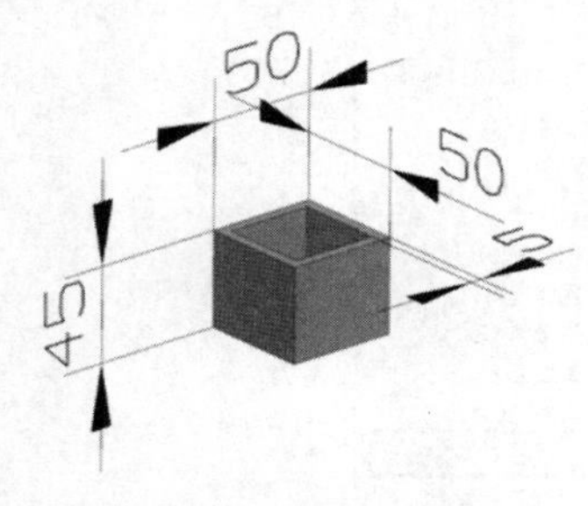

图 1-44 物料 1（物料 2）

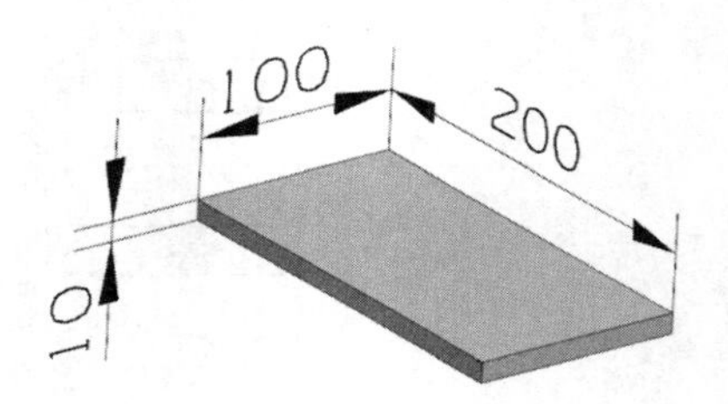

图 1-45 传送带

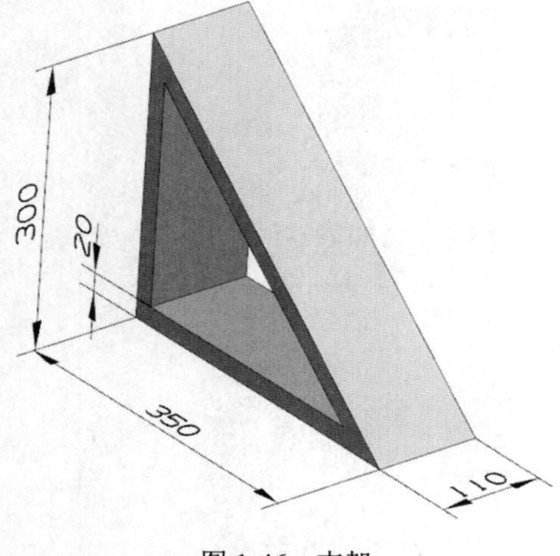

图 1-46 支架

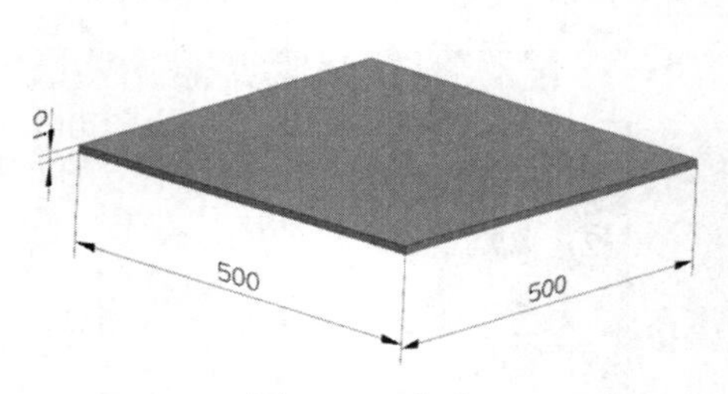

图 1-47 底座

（2）创建装配模型。

按图1-35所示模型，完成模型装配，装配尺寸自行确定。

2. 运动仿真

一、设置基本机电对象		
名称	部件名称及参数	数量
刚体	部件名称：	共____个
碰撞体	① 部件名称： 碰撞形状： ②	共____个
对象源	① 部件名称： 触发方式： 其他参数： ②	共____个
对象收集器	部件名称：	共____个
二、设置传输面		
名称	部件名称及参数	数量
传输面	① 部件名称： 运动类型： 矢量方向： 速度： ②	共____个
三、设置传感器		
名称	部件名称及参数	数量
碰撞传感器	① 部件名称： 碰撞形状： ②	共____个

2.5 思考与练习

1. 当对象源生成的对象与____________________发生碰撞时，该对象被消除。

2. 碰撞传感器触发产生的信号，来______和_____某些操作、执行机构动作的开始或停止。

3. 只有定义了起作用的类别才会触发碰撞事件，_________和碰撞体拥有同一个类别系统。

2.6 检查与评价

项目	序号	内容	评价标准
自我评价	1	掌握刚体的特性，并正确定义刚体	□已掌握 □基本掌握 □没掌握
	2	掌握碰撞体的特性，并正确定义碰撞体	□已掌握 □基本掌握 □没掌握
	3	掌握对象源的特性，并正确定义对象源	□已掌握 □基本掌握 □没掌握
	4	掌握对象收集器的特性，并正确定义对象收集器	□已掌握 □基本掌握 □没掌握
	5	掌握传输面的特性，并正确定义传输面	□已掌握 □基本掌握 □没掌握
	6	掌握碰撞传感器的特性，并正确定义碰撞传感器	□已掌握 □基本掌握 □没掌握
	7	仿真运行结果正确	□正确 □基本正确 □不正确
教师评价	1	正确设置刚体、碰撞体、对象源、对象收集器、传输面的参数	□优 □良 □中 □及格 □不及格
	2	正确设置碰撞传感器的参数	□优 □良 □中 □及格 □不及格
	3	仿真结果	□优 □良 □中 □及格 □不及格
成绩评定		□优 □良 □中 □及格 □不及格	

任务3 物料变换模拟流水产线模型建模及运动仿真

3.1 任务目标

- ❖ 掌握简单机电对象模型的三维建模方法。
- ❖ 掌握对象变换器、显示更改器的设置方法。

3.2 任务描述

改变物料颜色和形状的流水产线概念模型如图1-48所示。

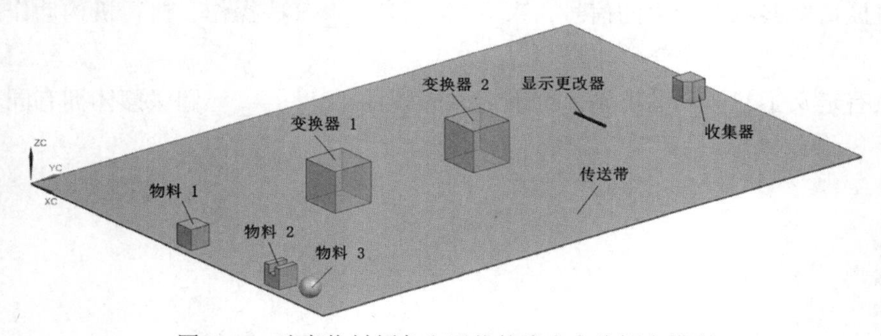

图1-48 改变物料颜色和形状的流水产线概念模型

按图1-48中所示模型建模后，运用机电概念设计模块进行运动仿真。

动作流程描述：每隔一定时间间隔生成相同的物料1（时间间隔自行确定），然后让物料1按给定速度沿*Y*轴方向运动，当物料1碰到变换器1后，其形状变换成物料2的形状；物料2继续按给定速度穿过变换器1后沿*Y*轴方向运动，当物料2碰到变换器2后，其形状变换成物料3的形状；物料3继续沿*Y*轴方向运动，碰到显示更改器后变换颜色，继续运动直到碰到收集器后消失。

3.3　相关知识

1. 对象变换器（Object Transformer）

当对象源生成的对象与对象变换器发生碰撞时，这个源对象会被变换为另一个对象。对象变换器必须设置对象变换的触发事件，借助碰撞传感器的触发来实现其功能，即当碰撞传感器检测到碰撞事件发生时，就会触发源对象产生形状变换。

调用“对象变换器”命令的方式有三种。

方式一：在机电概念设计模块中，单击“主页”→“刚体”下拉箭头→“对象变换器”，如图1-49所示。

图 1-49　调用“对象变换器”命令的方式一

方式二：在资源工具条中，单击“机电导航器”→右击“基本机电对象”→单击“创建机电对象”→“对象变换器”，如图1-50所示。

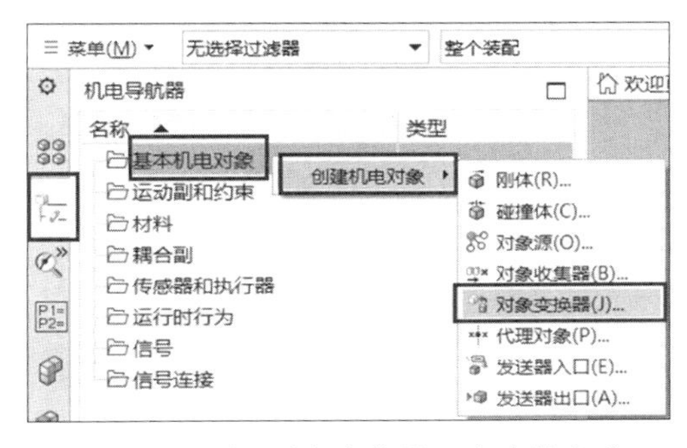

图 1-50　调用“对象变换器”命令的方式二

方式三：在机电概念设计模块中，单击“菜单”→“插入”→“基本机电对象”→“对象变换器”，如图1-51所示。

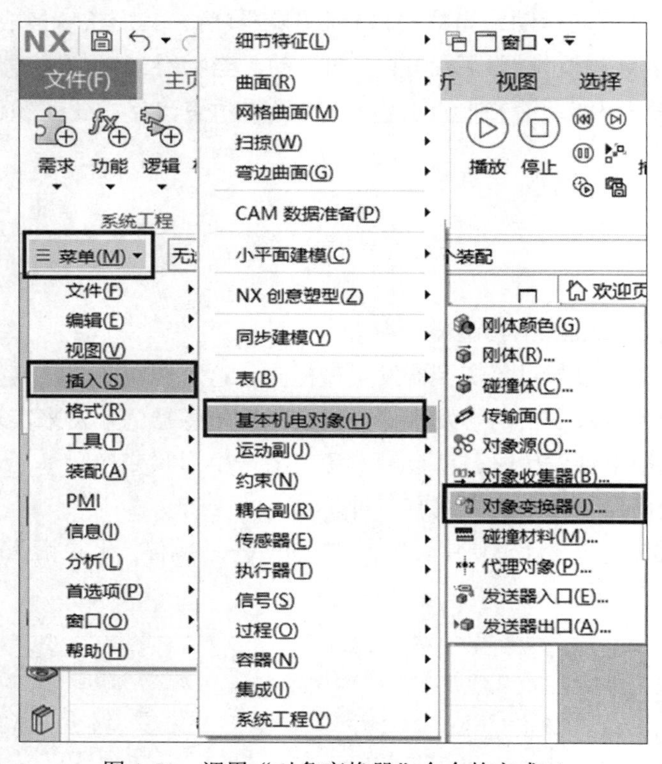

图 1-51　调用“对象变换器”命令的方式三

“对象变换器”对话框打开后如图1-52所示，其参数含义如表1-15所示。

图 1-52　“对象变换器”对话框

表 1-15　“对象变换器”对话框中的参数含义

序号	参数名称	参数含义
①	选择碰撞传感器	选择碰撞传感器以触发对象变换器
②	变换源	指定对象变换器要变换的刚体，该刚体必须是对象源。 ① 任意：任何对象源生成的对象与碰撞传感器发生碰撞时都会触发变换。 ② 仅选定的：只有指定的对象源生成的对象与碰撞传感器发生碰撞时才会触发变换
③	选择刚体	选择变换之后产生的刚体
④	每次激活时执行一次	选择该项，将对象变换器设置为每次激活时执行一次
⑤	名称	设置对象变换器的名称

2. 显示更改器（Display Changer）

当对象源生成的对象与显示更改器发生碰撞时，源对象的显示属性（颜色、半透明度和可见性）发生改变。显示更改器必须设置碰撞传感器来触发显示属性的改变，源对象必须是对象源。

调用“显示更改器”命令的方式有三种。

方式一：在机电概念设计模块中，单击“主页”→“机械”命令组的更多选项箭头→“显示更改器”，如图1-53所示。

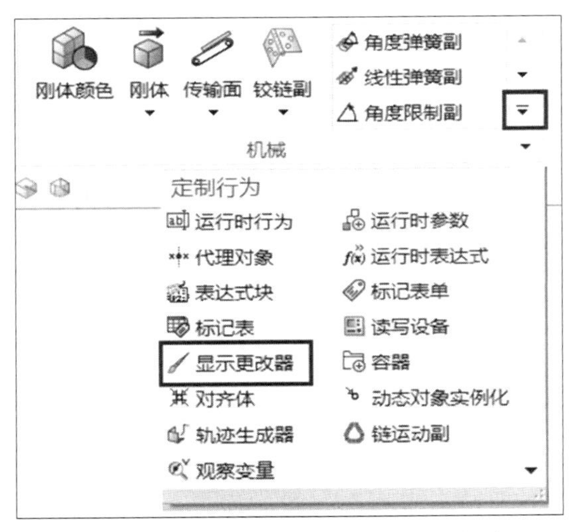

图 1-53　调用“显示更改器”命令的方式一

方式二：在资源工具条中，单击“机电导航器”→右击“传感器和执行器”→单击“创建机电对象”→“显示更改器”，如图1-54所示。

方式三：在机电概念设计模块中，单击“菜单”→“插入”→“传感器”→“显示更改器”，如图1-55所示。

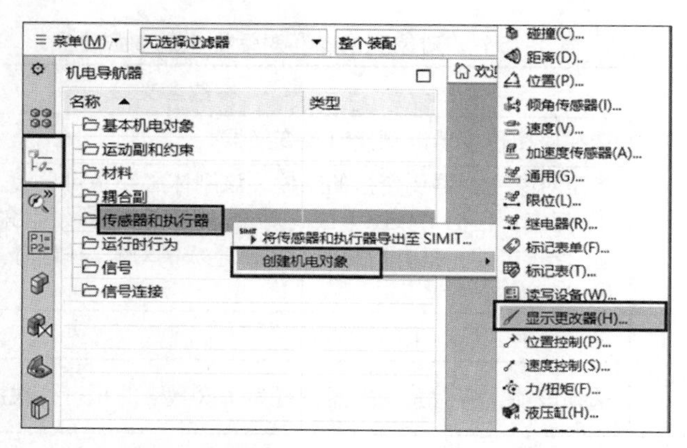

图 1-54　调用“显示更改器”命令的方式二

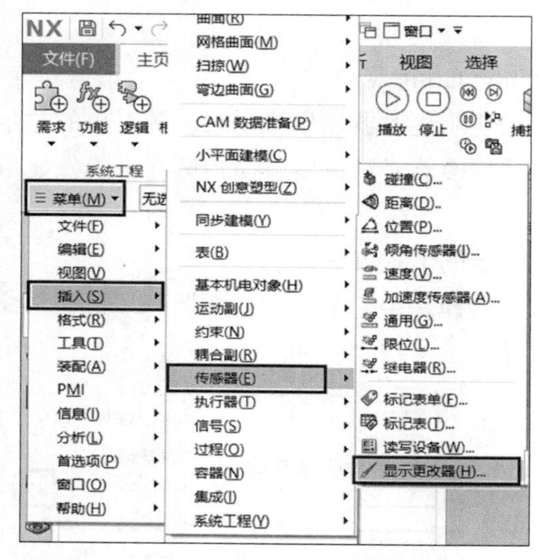

图 1-55　调用“显示更改器”命令的方式三

“显示更改器”对话框打开后如图1-56所示，其参数含义如表1-16所示。

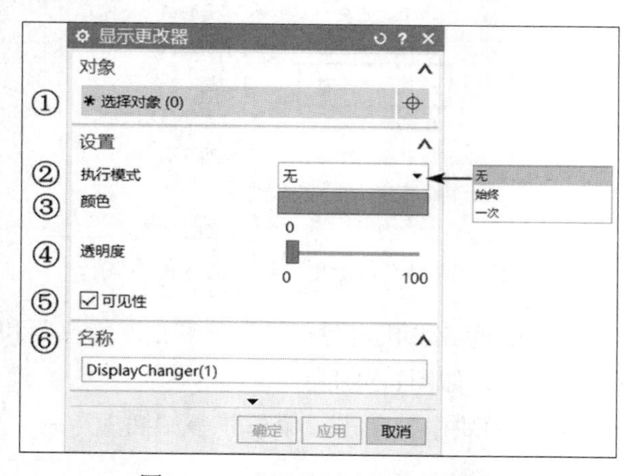

图 1-56　“显示更改器”对话框

表 1-16　“显示更改器”对话框中的参数含义

序号	参数名称	参数含义
①	选择对象	选择一个碰撞传感器作为显示更改器
②	执行模式	设置显示更改器发生的频率
③	颜色	打开“颜色”对话框，设置显示更改后的颜色
④	透明度	设置显示更改后的产品轮廓的半透明百分比
⑤	可见性	选择此项后，使对象在显示更改后可见
⑥	名称	设置显示更改器的名称

3.4　任务实施

1. 模型建模

（1）创建零件的三维模型。

零件模型的尺寸如图1-57至图1-63所示。

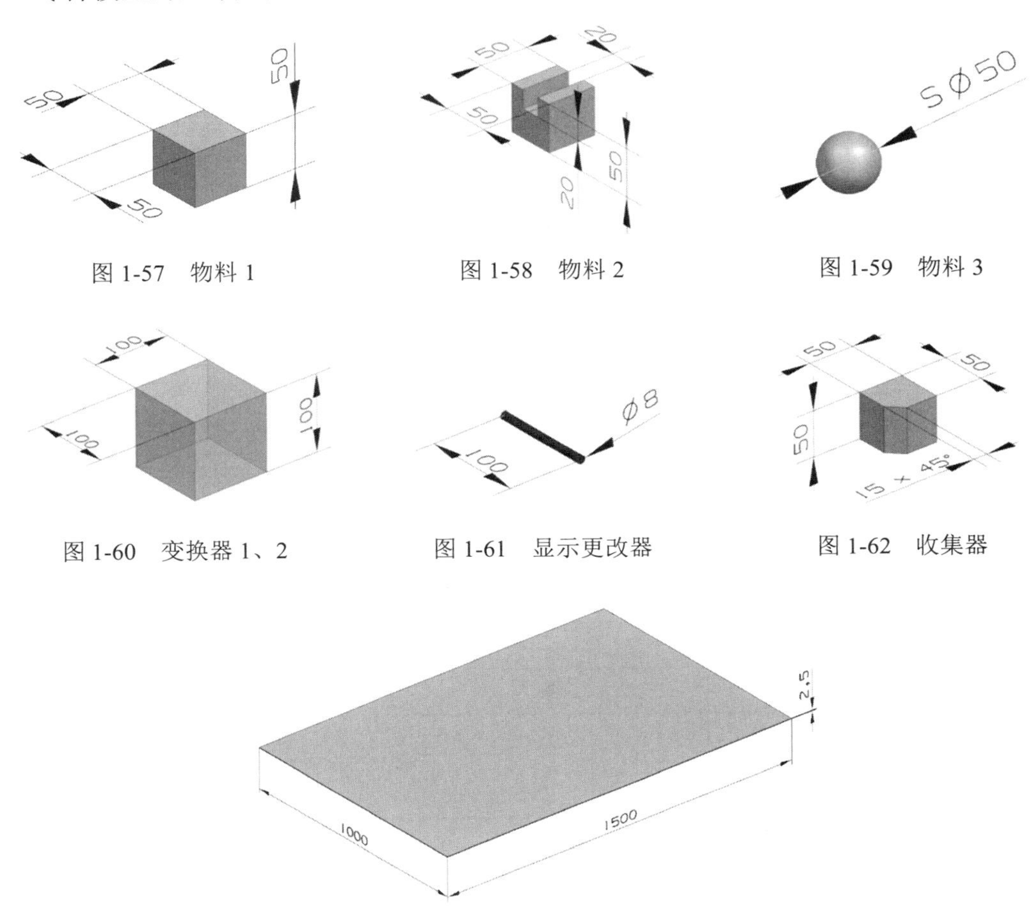

图 1-57　物料 1

图 1-58　物料 2

图 1-59　物料 3

图 1-60　变换器 1、2

图 1-61　显示更改器

图 1-62　收集器

图 1-63　传送带

（2）创建装配模型。

按图1-48所示模型，完成模型装配，装配尺寸自行确定。

2. 运动仿真

一、设置基本机电对象		
名称	部件名称及参数	数量
刚体	部件名称：	共____个
碰撞体	① 部件名称：　　碰撞形状： ②	共____个
对象源	① 部件名称：　　触发方式： 其他参数： ②	共____个
对象收集器	部件名称：	共____个
二、设置传输面		
名称	部件名称及参数	数量
传输面	① 部件名称：　　运动类型： 矢量方向：　　速度： ②	共____个
三、设置传感器		
名称	部件名称及参数	数量
碰撞传感器	① 部件名称：　　碰撞形状： ②	共____个
四、设置对象变换器		
名称	参数	数量
对象变换器	① 变换触发器：　　变换为 ②	共____个
五、设置显示更改器		
名称	参数	数量
显示更改器	① 触发对象：　　执行模式： ②	共____个

3.5　思考与练习

1. 使用________命令可以将一个刚体变换为另一个刚体，并且必须使用_______触发变换。

2. 使用________命令可以改变源对象的显示属性，显示更改器必须设置__________来触发显示属性的改变，源对象必须是_________。

3.6　检查与评价

项目	序号	内容	评价标准
自我评价	1	掌握刚体的特性，并正确定义刚体	□已掌握　□基本掌握　□没掌握
	2	掌握碰撞体的特性，并正确定义碰撞体	□已掌握　□基本掌握　□没掌握
	3	掌握对象源的特性，并正确定义对象源	□已掌握　□基本掌握　□没掌握
	4	掌握对象收集器的特性，并正确定义对象收集器	□已掌握　□基本掌握　□没掌握
	5	掌握传输面的特性，并正确定义传输面	□已掌握　□基本掌握　□没掌握
	6	掌握碰撞传感器的特性，并正确定义碰撞传感器	□已掌握　□基本掌握　□没掌握
	7	掌握对象变换器的特性，并正确定义对象变换器	□已掌握　□基本掌握　□没掌握
	8	掌握显示更改器的特性，并正确定义显示更改器	□已掌握　□基本掌握　□没掌握
	9	仿真运行结果正确	□正确　□基本正确　□不正确
教师评价	1	正确设置刚体、碰撞体、对象源、对象收集器、传输面的参数	□优　□良　□中　□及格　□不及格
	2	正确设置碰撞传感器的参数	□优　□良　□中　□及格　□不及格
	3	正确设置对象变换器、显示更改器的参数	□优　□良　□中　□及格　□不及格
	4	仿真结果	□优　□良　□中　□及格　□不及格
成绩评定		□优　□良　□中　□及格　□不及格	

项目二　简单运动机构模型建模与运动仿真

知识目标

- ◆ 掌握简单三维模型的建模方法和装配方法。
- ◆ 掌握运动副、执行器的使用方法。

任务1　滑块四杆机构模型建模及运动仿真

1.1　任务目标

- ❖ 熟悉各运动副的特性，理解基本件与连接件的关系。
- ❖ 掌握定义固定副、铰链副、滑动副等运动副的方法。
- ❖ 掌握定义速度控制、位置控制等执行器的方法。

1.2　任务描述

滑块四杆机构模型如图2-1所示。

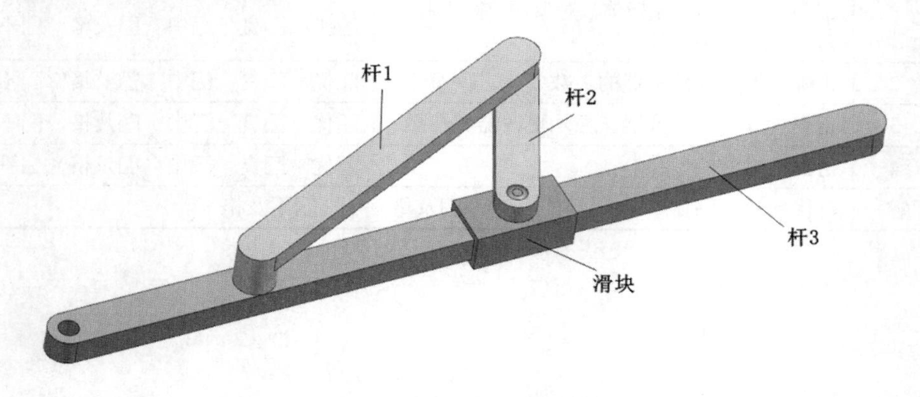

图 2-1　滑块四杆机构模型

按图2-1中所示模型建模后，运用机电概念设计模块进行运动仿真。

动作流程描述：通过变更机架，构成不同类型的滑块四杆机构模型，如图2-2所示。

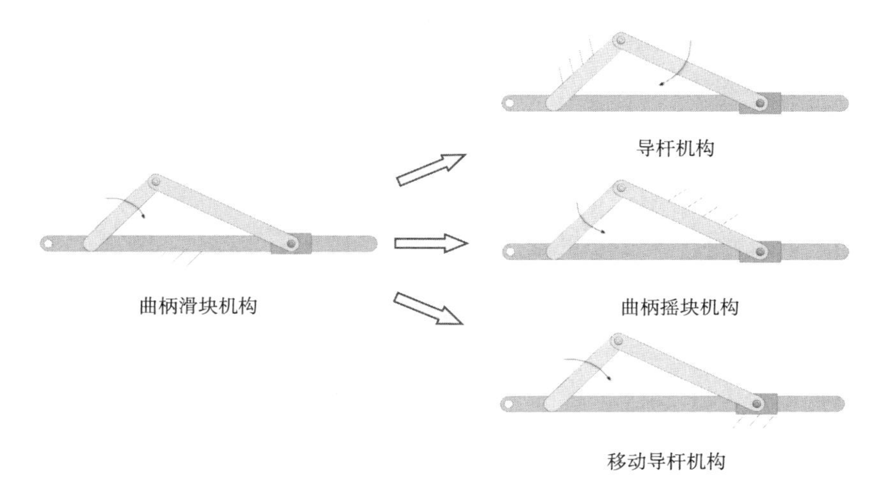

图 2-2　滑块四杆机构模型的四种类型

1.3　相关知识

运动副是指两个构件直接接触并能产生相对运动的活动连接。

1. 运动副——固定副、铰链副、滑动副

（1）固定副（Fixed Joint）。

固定副是将一个刚体固定到另一个刚体上的运动副。固定副的所有自由度均被约束，自由度为零。

固定副常用于两种情况：一种情况是将刚体固定于一个固定的位置，例如地面，此时基本件设置为空；另一种情况是将两个刚体固定在一起，此时两个刚体组成整体一起运动。

调用“固定副”命令的方式有三种。

方式一：在机电概念设计模块中，单击“主页”→“铰链副”下拉箭头→“固定副”，如图2-3所示。

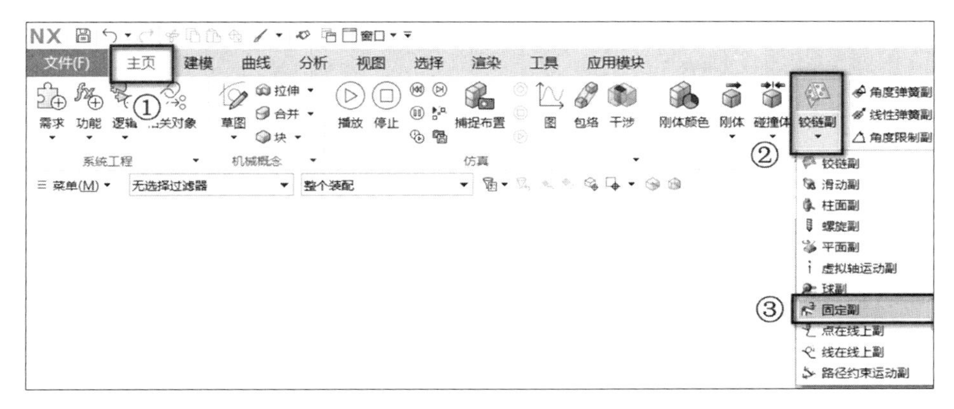

图 2-3　调用“固定副”命令的方式一

方式二：在资源工具条中，单击“机电导航器”→右击“运动副和约束”→单击“创建机电对象”→“固定副”，如图2-4所示。

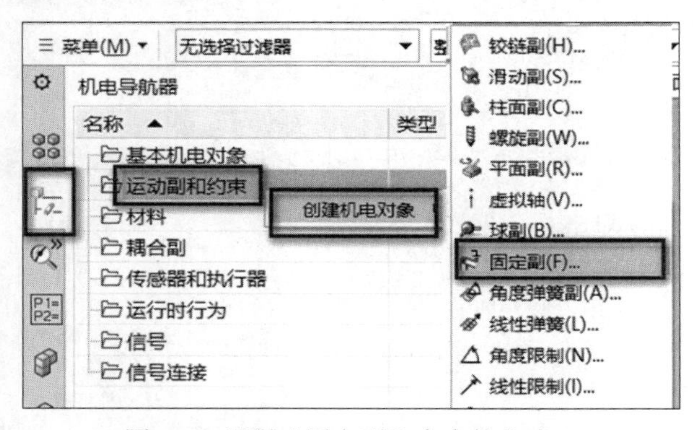

图 2-4　调用“固定副”命令的方式二

方式三：在机电概念设计模块中，单击“菜单”→“插入”→“运动副”→“固定副”，如图2-5所示。

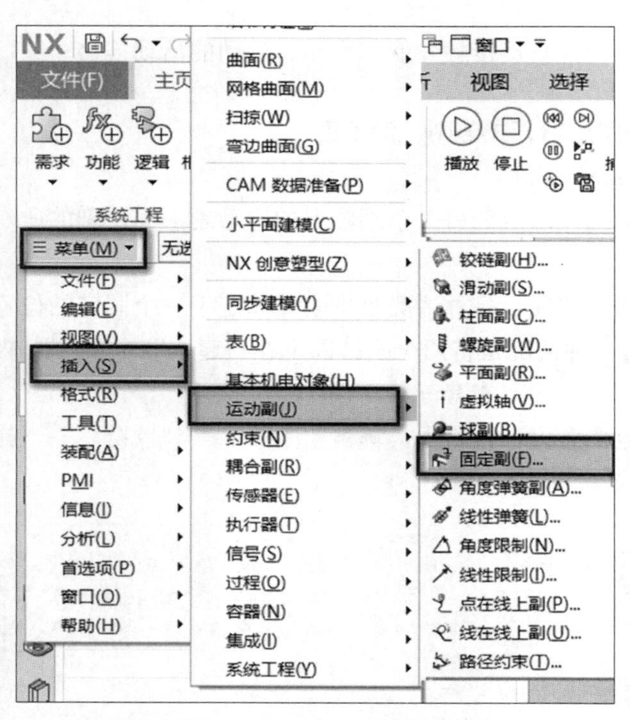

图 2-5　调用“固定副”命令的方式三

“固定副”对话框打开后如图2-6所示，其参数含义如表2-1所示。

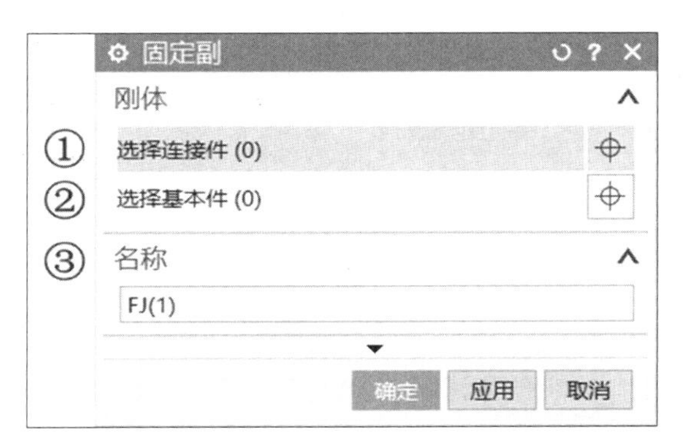

图 2-6　“固定副”对话框

表 2-1　“固定副”对话框中的参数含义

序号	参数名称	参数含义
①	选择连接件	选择要使用固定副进行约束的刚体
②	选择基本件	选择与连接件连接的另一刚体；若未选择，则连接件相对于地面固定
③	名称	设置固定副的名称

（2）铰链副（Hinge Joint）。

铰链副是在两个刚体之间创建一个只能围绕同一公共轴线做相对转动的运动副，如图2-7所示。铰链副具有一个旋转自由度。

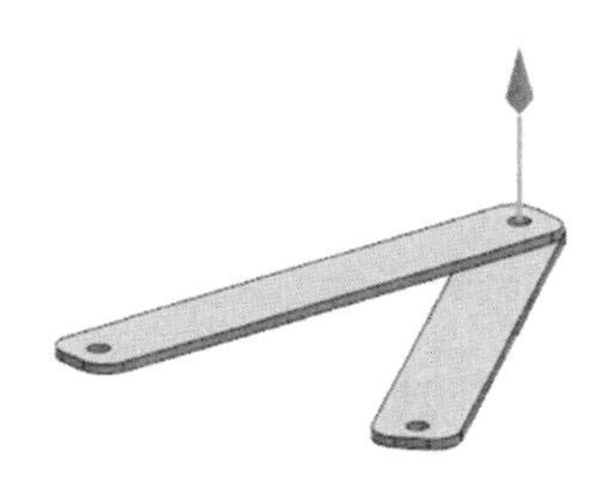

图 2-7　铰链副

调用“铰链副”命令的方式有三种。

方式一：在机电概念设计模块中，单击“主页”→“铰链副”，如图2-8所示。

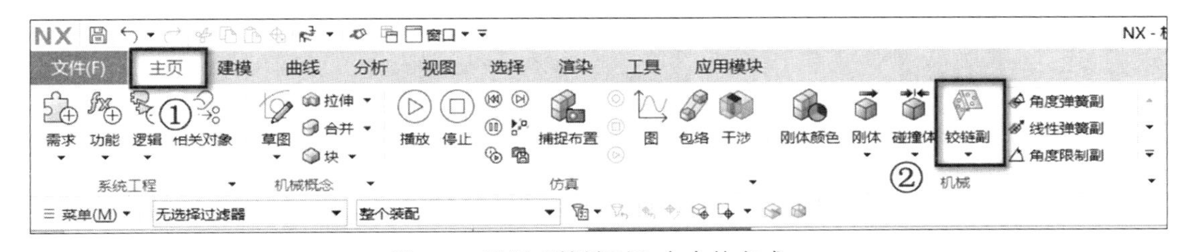

图 2-8　调用“铰链副”命令的方式一

方式二：在资源工具条中，单击“机电导航器”→右击“运动副和约束”→单击“创建机电对象”→“铰链副”，如图2-9所示。

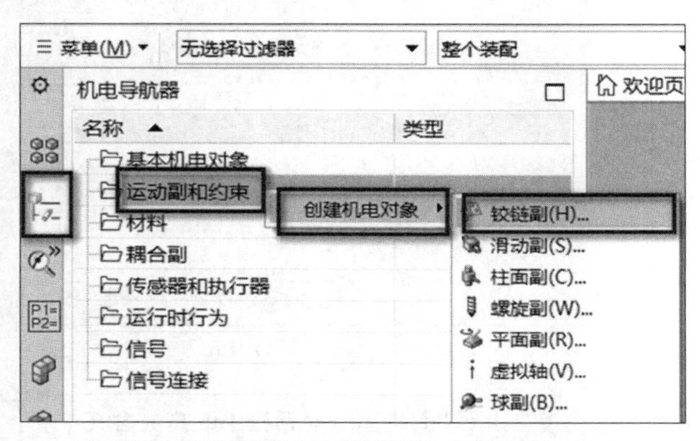

图 2-9　调用“铰链副”命令的方式二

方式三：在机电概念设计模块中，单击“菜单”→“插入”→“运动副”→“铰链副”，如图2-10所示。

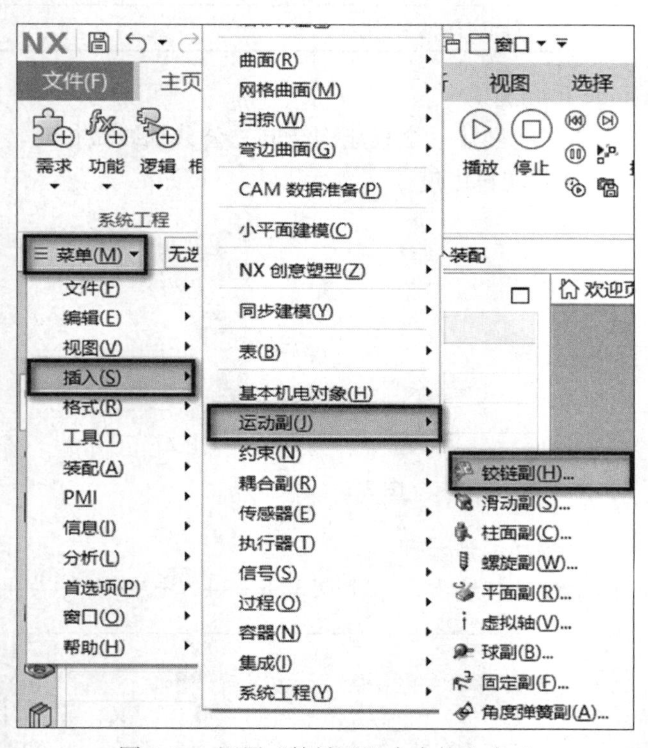

图 2-10　调用“铰链副”命令的方式三

“铰链副”对话框打开后如图2-11所示，其参数含义如表2-2所示。

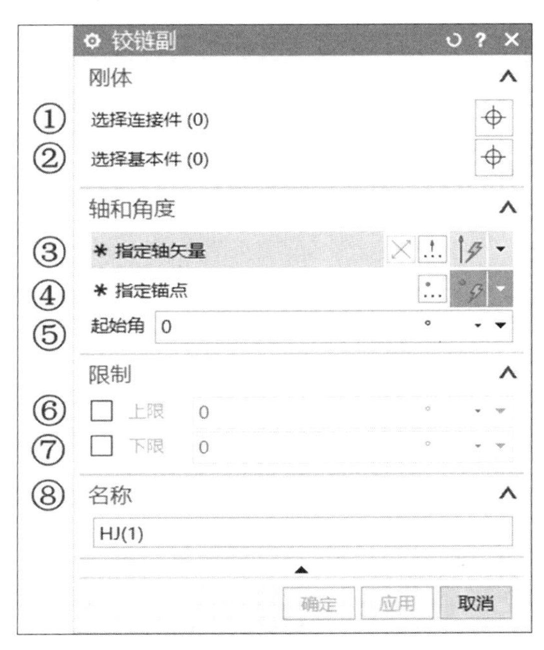

图 2-11　“铰链副”对话框

表 2-2　“铰链副”对话框中的参数含义

序号	参数名称	参数含义
①	选择连接件	选择要使用铰链副进行约束的刚体
②	选择基本件	选择与连接件连接的另一刚体；若未选择此参数，则相当于连接件连接到地面，相对于地面运动
③	指定轴矢量	指定铰链副围绕旋转的旋转轴
④	指定锚点	指定旋转轴的中心点位置
⑤	起始角	仿真未开始前，连接件相对于基本件的起始角度
⑥	上限	用于设置旋转的最大角度，可以将该值设置为在多次旋转后停止运动
⑦	下限	用于设置旋转的最小角度，可以将该值设置为在多次旋转后停止运动
⑧	名称	设置铰链副的名称

（3）滑动副（Sliding Joint）。

滑动副是组成运动副的两个构件之间只能按照某一方向做相对移动的运动副。滑动副具有一个平移自由度。

调用“滑动副”命令的方式有三种。

方式一：在机电概念设计模块中，单击“主页”→“铰链副”下拉箭头→“滑动副”，如图2-12所示。

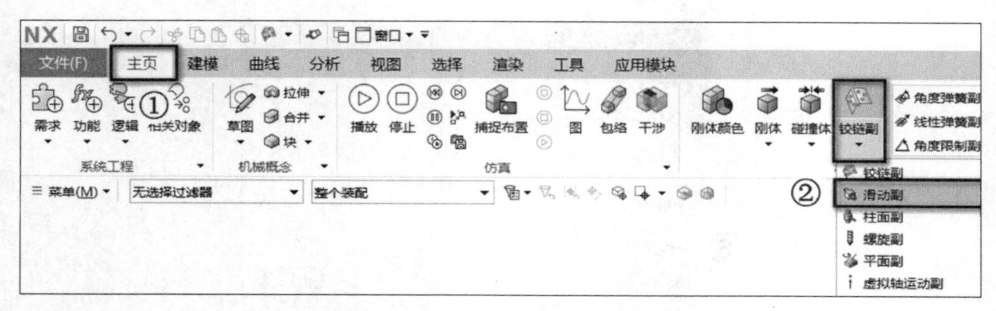

图 2-12　调用“滑动副”命令的方式一

方式二：在资源工具条中，单击“机电导航器”→右击“运动副和约束”→单击“创建机电对象”→“滑动副”，如图2-13所示。

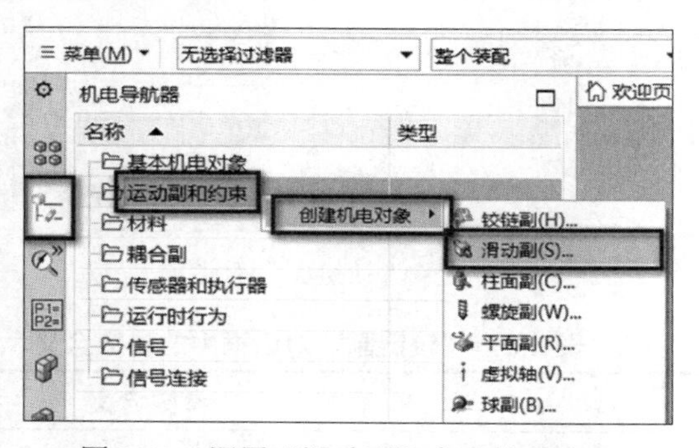

图 2-13　调用“滑动副”命令的方式二

方式三：在机电概念设计模块中，单击“菜单”→“插入”→“运动副”→“滑动副”，如图2-14所示。

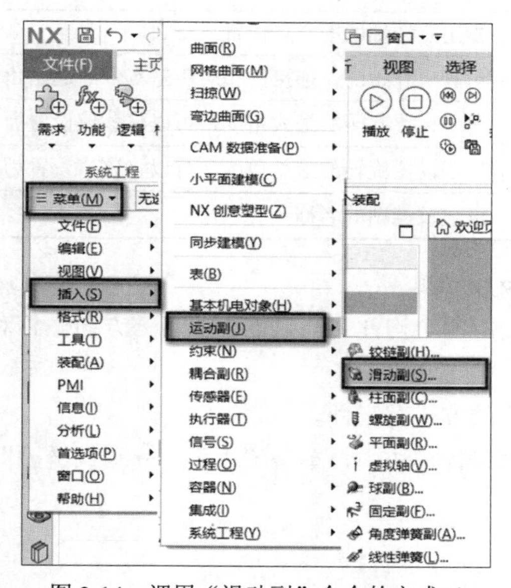

图 2-14　调用“滑动副”命令的方式三

“滑动副”对话框打开后如图2-15所示，其参数含义如表2-3所示。

图 2-15　“滑动副”对话框

表 2-3　“滑动副”对话框中的参数含义

序号	参数名称	参数含义
①	选择连接件	选择要使用滑动副进行约束的刚体
②	选择基本件	选择与连接件连接的另一刚体；若未选择，则连接件相对于地面运动
③	指定轴矢量	指定滑动副滑动的矢量方向
④	偏置	仿真未开始前，连接件的起始位置
⑤	上限	沿轴矢量正方向的上限值，一般用于设置滑动的最大位置
⑥	下限	沿轴矢量负方向的下限值，一般用于设置滑动的最小位置
⑦	名称	设置滑动副的名称

2. 执行器——速度控制、位置控制

（1）速度控制（Speed Control）。

速度控制用来驱动运动副按设定的恒定速度运动。

调用“速度控制”命令的方式有三种。

方式一：在机电概念设计模块中，单击“主页”→“位置控制”下拉箭头→“速度控制”，如图2-16所示。

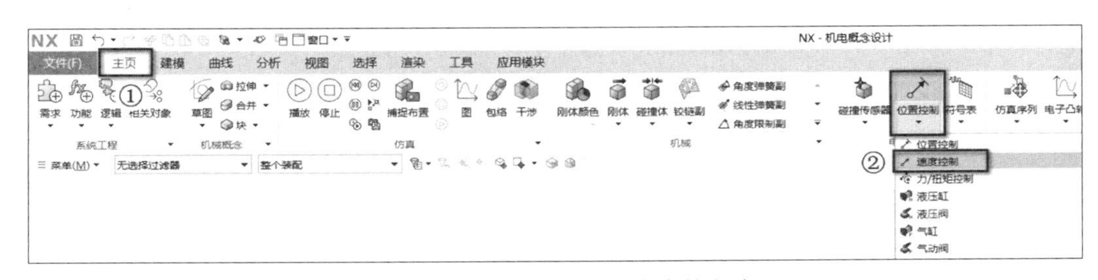

图 2-16　调用“速度控制”命令的方式一

方式二：在资源工具条中，单击“机电导航器”→右击“传感器和执行器”→单击“创建机电对象”→“速度控制”，如图2-17所示。

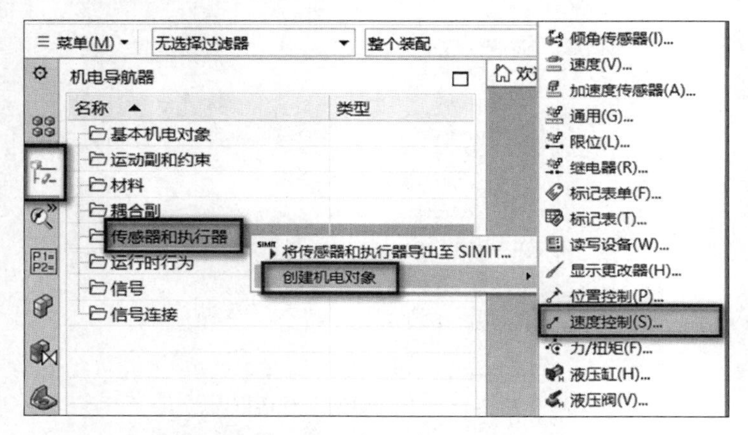

图 2-17　调用“速度控制”命令的方式二

方式三：在机电概念设计模块中，单击“菜单”→“插入”→“执行器”→“速度控制”，如图2-18所示。

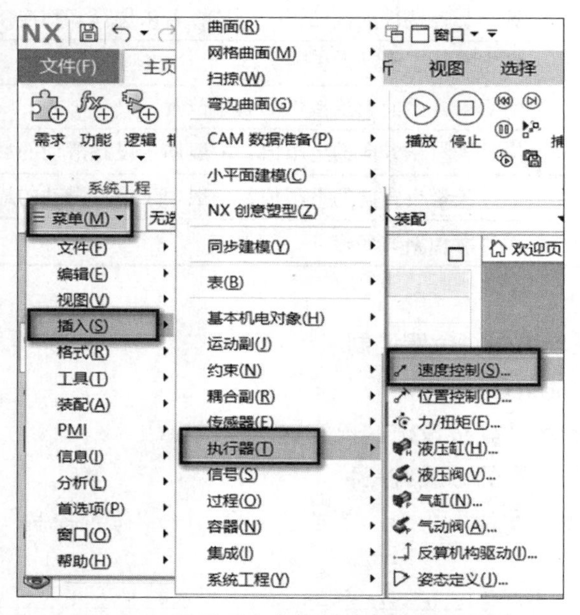

图 2-18　调用“速度控制”命令的方式三

“速度控制”对话框打开后如图2-19至图2-21所示，其参数含义如表2-4所示。

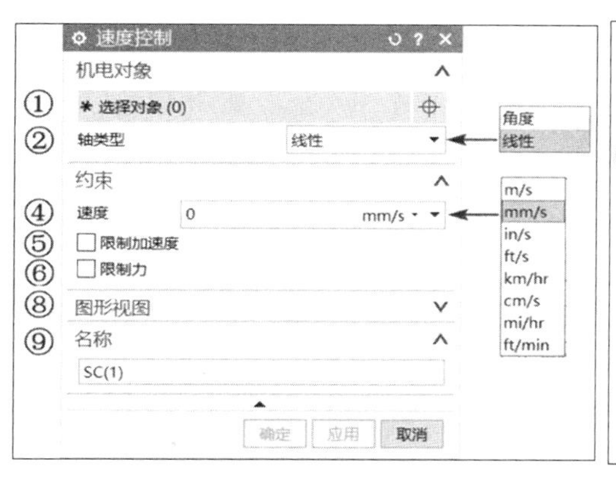

图 2-19　“速度控制”对话框（1）

图 2-20　“速度控制”对话框（2）

图 2-21　“速度控制”对话框（3）

表 2-4　“速度控制”对话框中的参数含义

序号	参数名称	参数含义
①	选择对象	选择需要控制的运动副
②	轴类型	选择柱面副、螺旋副等圆柱形运动副时可用，用于设置运动副的轴类型为“角度”或“线性”
③	方向	选择传输面时可用，用于设置传输面的方向，可设置“平行”或“垂直”
④	速度	设置运动副的恒定速度
⑤	限制加速度	设置最大加速度
⑥	限制力	当轴类型为“线性”时可用，用于设置正向力和反向力的限制值，可选择一个信号与执行器的力做比较，以确定是否过载
⑦	限制扭矩	当轴类型为“角度”时可用，用于设置正向扭矩和反向扭矩的限制值，可选择一个信号与执行器的扭矩做比较，以确定是否过载
⑧	图形视图	运动特性图，根据约束组值显示运动特征
⑨	名称	设置速度控制的名称

（2）位置控制（Position Control）。

位置控制用来控制运动副，使其按指定的恒定速度运动到指定的位置。位置控制包含两种控制：位置目标控制和到达位置目标的速度控制。

调用“位置控制”命令的方式有三种。

方式一：在机电概念设计模块中，单击“主页”→“位置控制”，如图2-22所示。

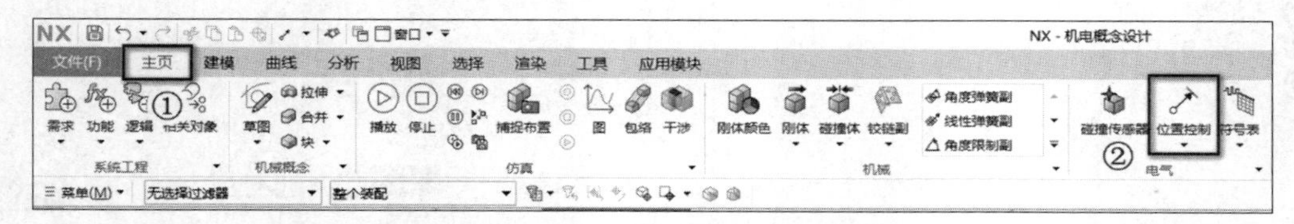

图 2-22　调用“位置控制”命令的方式一

方式二：在资源工具条中，单击“机电导航器”→右击“传感器和执行器”→单击“创建机电对象”→“位置控制”，如图2-23所示。

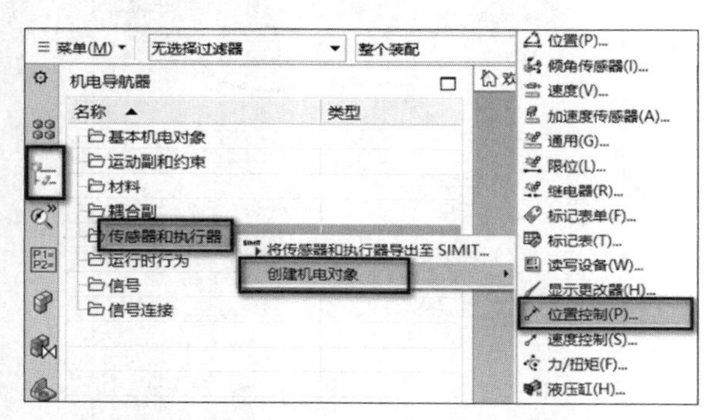

图 2-23　调用“位置控制”命令的方式二

方式三：在机电概念设计模块中，单击“菜单”→“插入”→“执行器”→“位置控制”，如图2-24所示。

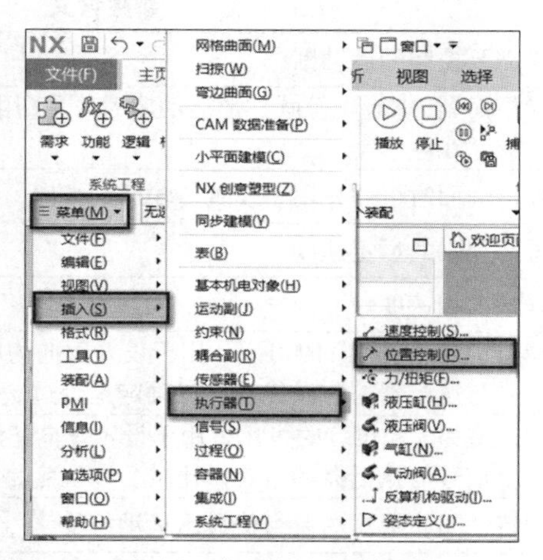

图 2-24　调用“位置控制”命令的方式三

“位置控制”对话框打开后如图2-25至图2-28所示，其参数含义如表2-5所示。

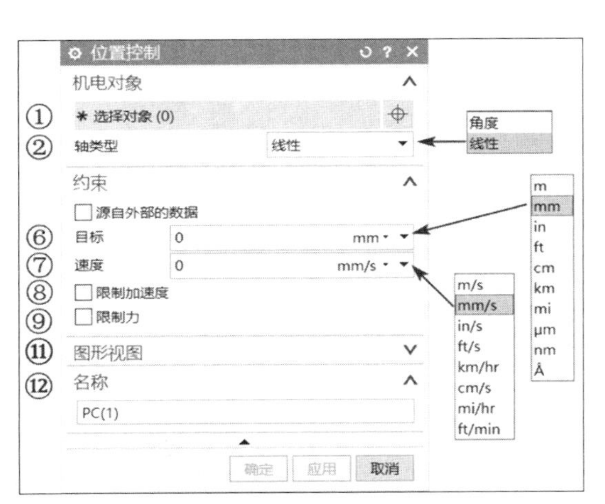

图 2-25　“位置控制”对话框（1）

图 2-26　“位置控制”对话框（2）

图 2-27　“位置控制”对话框（3）

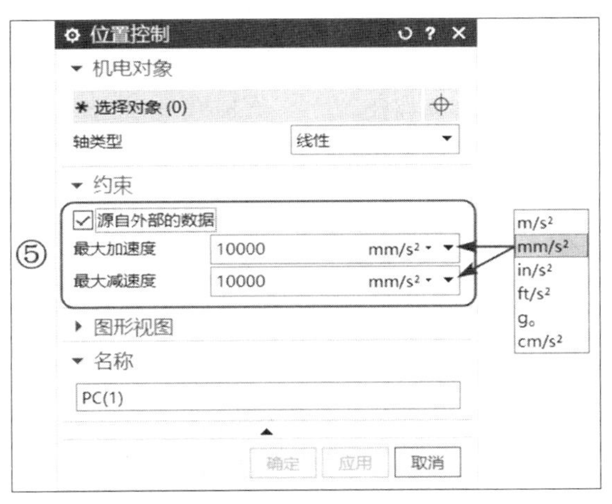

图 2-28　“位置控制”对话框（4）

表 2-5　“位置控制”对话框中的参数含义

序号	参数名称	参数含义
①	选择对象	选择需要控制的运动副
②	轴类型	选择柱面副、螺旋副等圆柱形运动副时可用，用于设置运动副的轴类型为“角度”或“线性”
③	方向	选择传输面时可用，用于设置传输面的方向，可设置“平行”或“垂直”
④	角路径选项	当轴类型为“角度”时可用，用于指定运动副的旋转方式，分为沿最短路径、顺时针旋转、逆时针旋转、跟踪多圈四种方式，如图2-29所示
⑤	源自外部的数据	选择该项后，将停用约束组的“目标”和“速度”设置，仅设置最大加速度和最大减速度参数，以便位置控制执行器由机器控制器控制
⑥	目标	设置运动副的最终位置

（续表）

序号	参数名称	参数含义
⑦	速度	设置运动副的恒定速度
⑧	限制加速度	用于设置最大加速度和最大减速度
⑨	限制力	当轴类型为“线性”时可用，用于设置正向力和反向力的限制值，可选择一个信号与执行器的力做比较，以确定是否过载
⑩	限制扭矩	当轴类型为“角度”时可用，用于设置正向扭矩和反向扭矩的限制值，可选择一个信号与执行器的扭矩做比较，以确定是否过载
⑪	图形视图	运动特性图，根据约束组值显示运动特征
⑫	名称	设置位置控制的名称

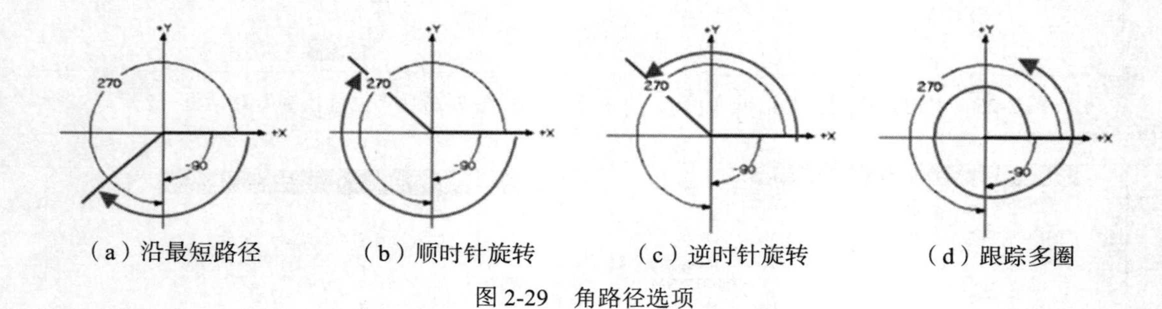

（a）沿最短路径　（b）顺时针旋转　（c）逆时针旋转　（d）跟踪多圈

图 2-29　角路径选项

1.4　任务实施

1. 模型建模

（1）创建零件的三维模型。

零件模型的尺寸如图2-30至图2-33所示。

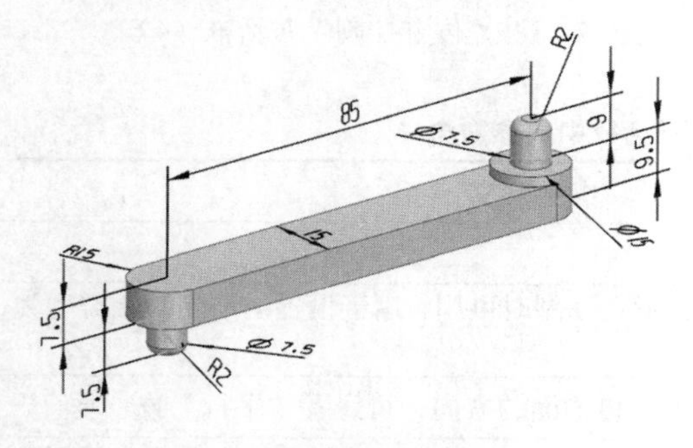

图 2-30　杆 1

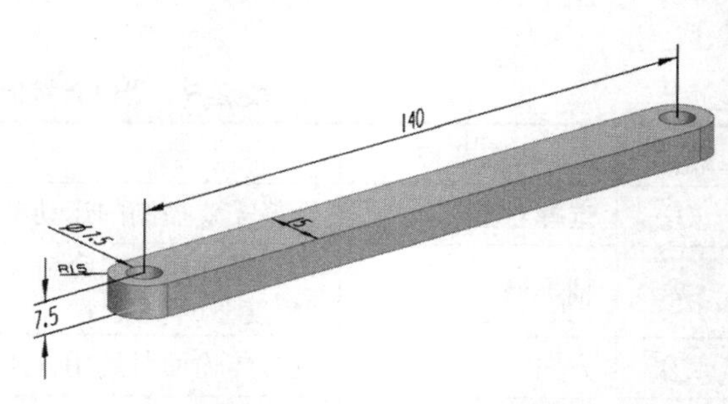

图 2-31　杆 2

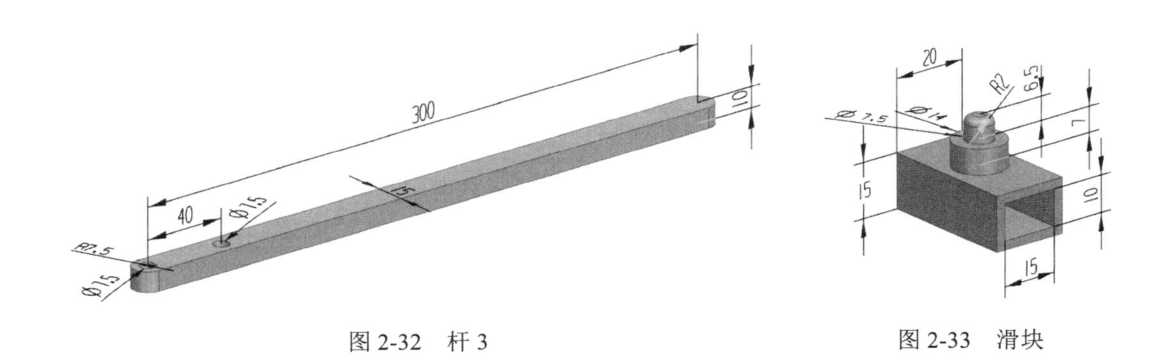

图 2-32　杆 3　　图 2-33　滑块

（2）创建装配模型。

按图2-1所示的模型，完成模型装配，装配尺寸自行确定。

2. 运动仿真

<table>
<tr><td colspan="4">一、设置基本机电对象</td></tr>
<tr><td>名称</td><td colspan="2">部件名称</td><td>数量</td></tr>
<tr><td>刚体</td><td colspan="2"></td><td>共____个</td></tr>
<tr><td colspan="4">二、设置运动副</td></tr>
<tr><td>名称</td><td colspan="2">参数</td><td>数量</td></tr>
<tr><td rowspan="4">铰链副</td><td colspan="2">连接件：　　基本件：　　轴矢量：</td><td rowspan="4">共____个</td></tr>
<tr><td colspan="2">连接件：　　基本件：　　轴矢量：</td></tr>
<tr><td colspan="2">连接件：　　基本件：　　轴矢量：</td></tr>
<tr><td colspan="2">连接件：　　基本件：　　轴矢量：</td></tr>
<tr><td rowspan="2">滑动副</td><td colspan="2">连接件：　　基本件：　　轴矢量：</td><td rowspan="2">共____个</td></tr>
<tr><td colspan="2">连接件：　　基本件：　　轴矢量：</td></tr>
<tr><td colspan="4">三、曲柄滑块机构</td></tr>
<tr><td colspan="4">（一）设置运动副</td></tr>
<tr><td>固定副</td><td>连接件：</td><td colspan="2">基本件：</td></tr>
<tr><td colspan="4">（二）设置执行器（二选一）</td></tr>
<tr><td>速度控制</td><td>对象：</td><td colspan="2">速度：</td></tr>
<tr><td>位置控制</td><td>对象：
角路径选项：</td><td colspan="2">轴类型：
速度：</td></tr>
<tr><td colspan="4">四、导杆机构</td></tr>
<tr><td colspan="4">（一）设置运动副</td></tr>
<tr><td>固定副</td><td>连接件：</td><td colspan="2">基本件：</td></tr>
</table>

（续表）

（二）设置执行器（二选一）		
速度控制	对象：	速度：
位置控制	对象： 角路径选项：	轴类型： 速度：
五、曲柄摇块机构		
（一）设置运动副		
固定副	连接件：	基本件：
（二）设置执行器（二选一）		
速度控制	对象：	速度：
位置控制	对象： 角路径选项：	轴类型： 速度：
六、移动导杆机构		
（一）设置运动副		
固定副	连接件：	基本件：
（二）设置执行器（二选一）		
速度控制	对象：	速度：
位置控制	对象： 角路径选项：	轴类型： 速度：

1.5 思考与练习

1. 将一个刚体固定到另一个刚体上的运动副是________，其自由度为______。如果________为空，则代表连接件和引擎中的地面连接。

2. 在两个刚体之间创建一个只能围绕同一公共轴线做相对转动的运动副是________，该运动副具有一个________自由度。

3. 组成运动副的两个构件之间只能按照某一方向做相对移动的运动副是________，该运动副具有一个________自由度。

4. 可以用________控制来驱动运动副按设定的恒定速度运动。

5. ________控制用来控制运动副，使其按指定的恒定速度运动到指定的位置，其包含了两种控制：________目标控制和到达位置目标的__________控制。

1.6　检查与评价

项目	序号	内容	评价标准
自我评价	1	掌握刚体的特性，并正确定义刚体	□已掌握　□基本掌握　□没掌握
	2	正确定义铰链副	□已掌握　□基本掌握　□没掌握
	3	正确定义滑动副	□已掌握　□基本掌握　□没掌握
	4	正确定义固定副	□已掌握　□基本掌握　□没掌握
	5	正确定义速度控制或位置控制	□已掌握　□基本掌握　□没掌握
	6	曲柄滑块机构仿真运行结果正确	□正确　□基本正确　□不正确
	7	导杆机构仿真运行结果正确	□正确　□基本正确　□不正确
	8	曲柄摇块机构仿真运行结果正确	□正确　□基本正确　□不正确
	9	移动导杆机构仿真运行结果正确	□正确　□基本正确　□不正确
教师评价	1	正确设置刚体	□优　□良　□中　□及格　□不及格
	2	正确设置铰链副、滑动副、固定副的参数	□优　□良　□中　□及格　□不及格
	3	正确设置速度控制（位置控制）的参数	□优　□良　□中　□及格　□不及格
	4	仿真结果（完成_____个机构）	□优　□良　□中　□及格　□不及格
成绩评定		□优　□良　□中　□及格　□不及格	

任务2　曲轴活塞运动机构模型建模及运动仿真

2.1　任务目标

❖ 掌握中等复杂模型的建模方法和装配方法。

❖ 掌握定义铰链副、滑动副等运动副的方法。

2.2　任务描述

曲轴活塞运动机构模型，如图2-34所示。

按图2-34中所示模型建模后，运用机电概念设计模块进行运动仿真。

动作流程描述：当曲轴做旋转运动时，通过连杆和轴带动活塞做上下往复直线运动。

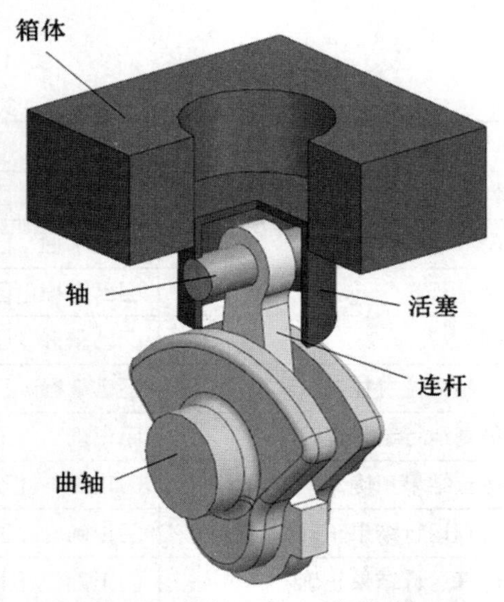

图 2-34　曲轴活塞运动机构模型

2.3　任务实施

1. 模型建模

（1）创建零件的三维模型。

零件模型的尺寸如图2-35至图2-38所示。

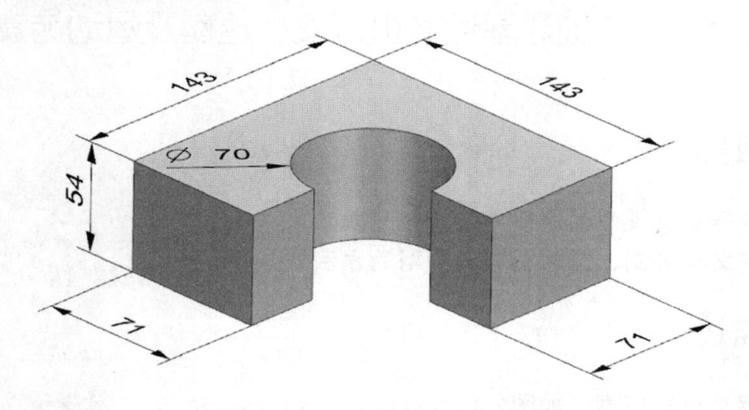

图 2-35　箱体

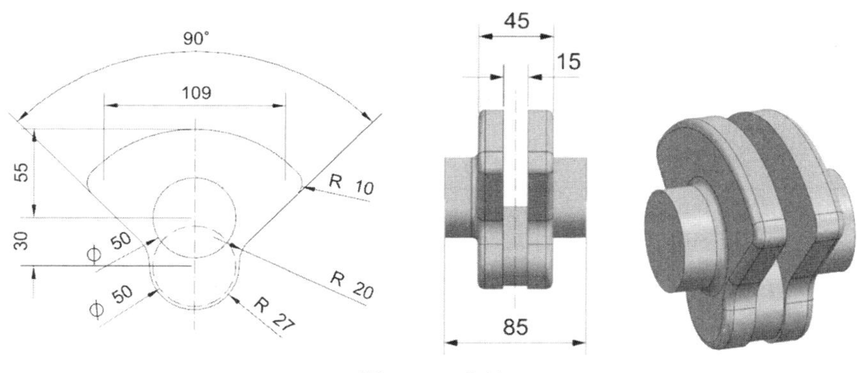

图 2-36　曲轴

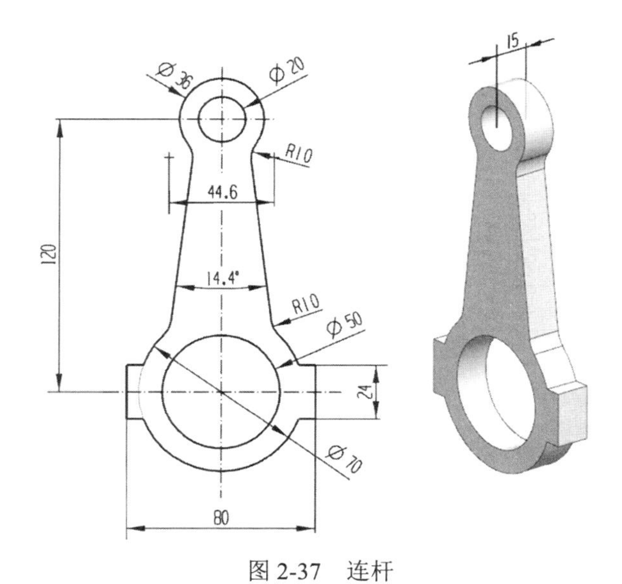

图 2-37　连杆

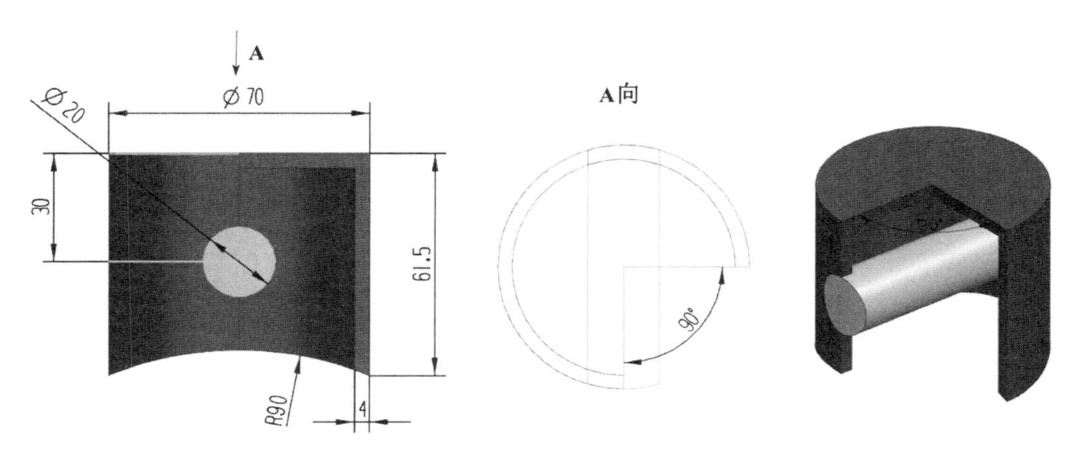

图 2-38　活塞和轴

（2）创建装配模型。

按图2-34所示的模型，完成模型装配，装配尺寸自行确定。

2. 运动仿真

<table>
<tr><td colspan="5">一、设置基本机电对象</td></tr>
<tr><td>名称</td><td colspan="3">部件名称</td><td>数量</td></tr>
<tr><td>刚体</td><td colspan="3"></td><td>共____个</td></tr>
<tr><td colspan="5">二、设置运动副</td></tr>
<tr><td>名称</td><td colspan="3">参数</td><td>数量</td></tr>
<tr><td rowspan="4">铰链副</td><td>连接件：</td><td>基本件：</td><td>轴矢量：</td><td rowspan="4">共____个</td></tr>
<tr><td>连接件：</td><td>基本件：</td><td>轴矢量：</td></tr>
<tr><td>连接件：</td><td>基本件：</td><td>轴矢量：</td></tr>
<tr><td>连接件：</td><td>基本件：</td><td>轴矢量：</td></tr>
<tr><td rowspan="2">滑动副</td><td>连接件：</td><td>基本件：</td><td>轴矢量：</td><td rowspan="2">共____个</td></tr>
<tr><td>连接件：</td><td>基本件：</td><td>轴矢量：</td></tr>
<tr><td colspan="5">三、设置执行器（二选一）</td></tr>
<tr><td>速度控制</td><td colspan="2">对象：</td><td colspan="2">速度：</td></tr>
<tr><td>位置控制</td><td colspan="2">对象：
角路径选项：</td><td colspan="2">轴类型：
速度：</td></tr>
</table>

2.4 检查与评价

<table>
<tr><th>项目</th><th>序号</th><th>内容</th><th>评价标准</th></tr>
<tr><td rowspan="5">自我评价</td><td>1</td><td>掌握刚体的特性，并正确定义刚体</td><td>□已掌握　□基本掌握　□没掌握</td></tr>
<tr><td>2</td><td>正确定义铰链副</td><td>□已掌握　□基本掌握　□没掌握</td></tr>
<tr><td>3</td><td>正确定义滑动副</td><td>□已掌握　□基本掌握　□没掌握</td></tr>
<tr><td>4</td><td>正确定义速度控制或位置控制</td><td>□已掌握　□基本掌握　□没掌握</td></tr>
<tr><td>5</td><td>仿真运行结果正确</td><td>□正确　□基本正确　□不正确</td></tr>
<tr><td rowspan="4">教师评价</td><td>1</td><td>正确设置刚体</td><td>□优　□良　□中　□及格　□不及格</td></tr>
<tr><td>2</td><td>正确设置铰链副、滑动副的参数</td><td>□优　□良　□中　□及格　□不及格</td></tr>
<tr><td>3</td><td>正确设置速度控制（位置控制）的参数</td><td>□优　□良　□中　□及格　□不及格</td></tr>
<tr><td>4</td><td>仿真结果</td><td>□优　□良　□中　□及格　□不及格</td></tr>
<tr><td colspan="2">成绩评定</td><td colspan="2">□优　□良　□中　□及格　□不及格</td></tr>
</table>

项目三　复杂运动机构模型建模与运动仿真

知识目标

◆ 掌握中等复杂模型的建模方法和装配方法。
◆ 掌握点在线上副的概念及使用方法。
◆ 掌握定义发送器入口和发送器出口的方法。

任务 1　曲线轨迹跟踪单向运动模型建模及运动仿真

1.1　任务目标

❖ **掌握定义点在线上副的方法。**

1.2　任务描述

曲线轨迹跟踪模型如图3-1所示。

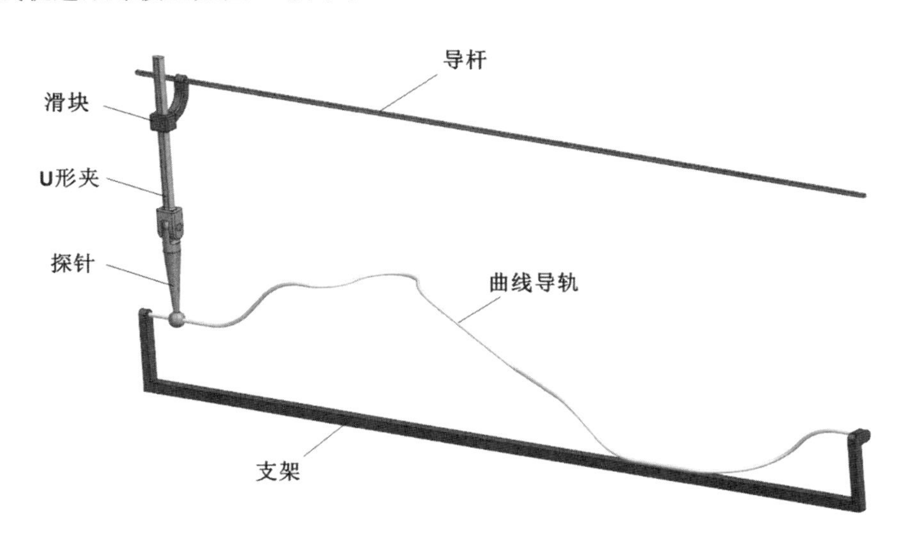

图 3-1　曲线轨迹跟踪模型

按图3-1中所示模型建模后，运用机电概念设计模块进行运动仿真。

动作流程描述：探针头部圆球球心沿曲线导轨的一端运动到另一端，做单向运动。

1.3 相关知识

点在线上副（Point On Curve Joint）

点在线上副可以使运动对象上的某一点始终沿着指定曲线运动。选定点可以是基准点或运动对象上的点，曲线可以是草图中的平面曲线，也可以是空间曲线。

调用“点在线上副”命令的方式有三种。

方式一：在机电概念设计模块中，单击“主页”→“铰链副”下拉箭头→“点在线上副”，如图3-2所示。

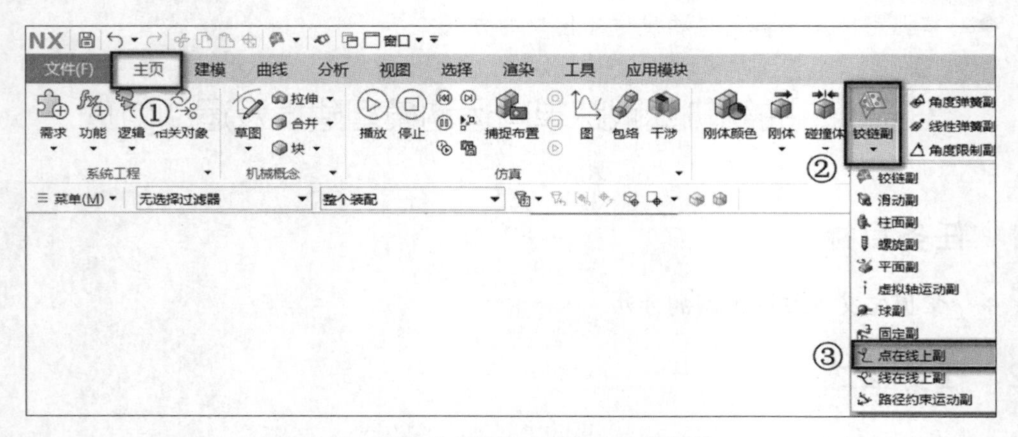

图 3-2　调用“点在线上副”命令的方式一

方式二：在资源工具条中，单击“机电导航器”→右击“运动副和约束”→单击“创建机电对象”→“点在线上副”，如图3-3所示。

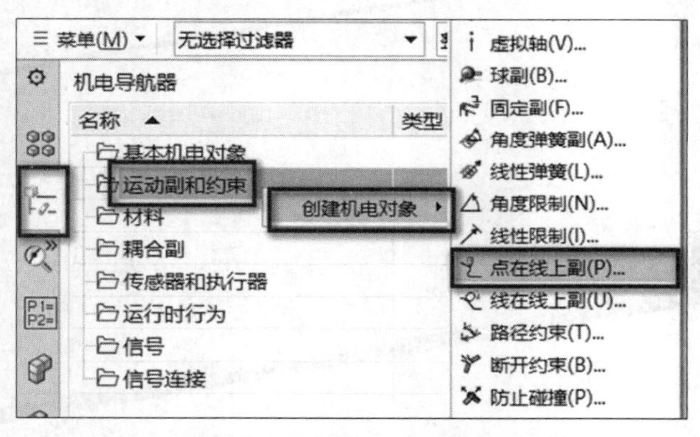

图 3-3　调用“点在线上副”命令的方式二

方式三：在机电概念设计模块中，单击“菜单”→“插入”→“运动副”→“点在线上副”，如图3-4所示。

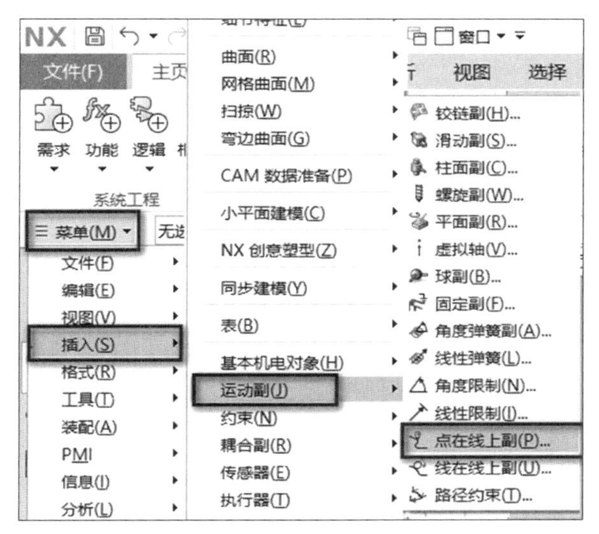

图 3-4　调用“点在线上副”命令的方式三

“点在线上副”对话框打开后如图3-5所示，其参数含义如表3-1所示。

图 3-5　“点在线上副”对话框

表 3-1　“点在线上副”对话框中的参数含义

序号	参数名称	参数含义
①	选择连接件	选择要使用点在线上副进行约束的刚体
②	选择曲线或代理对象	选择连接件运动的引导曲线
③	指定零位置点	选择连接件沿曲线运动的参考点
④	偏置	设置点和零点之间的距离
⑤	名称	设置点在线上副的名称

1.4 任务实施

1. 模型建模

（1）创建零件的三维模型。

零件模型的尺寸如图3-6至图3-11所示。

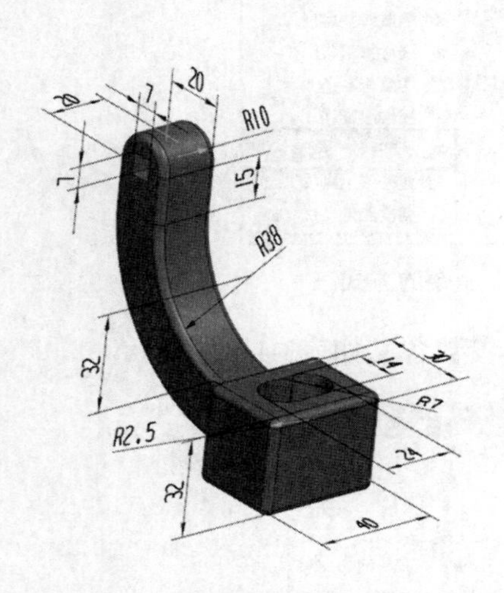

图 3-6 滑块

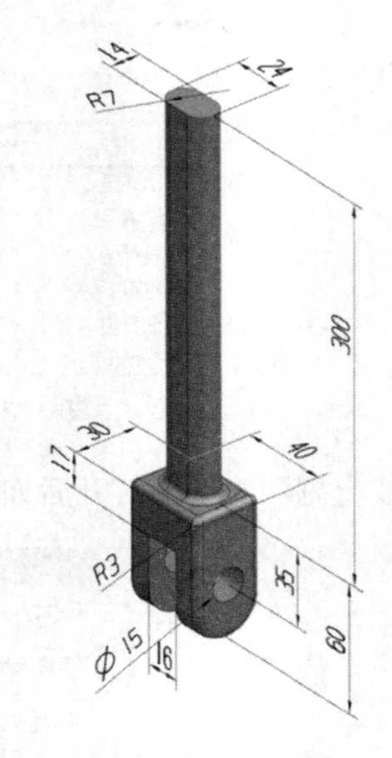

图 3-7 U 形夹

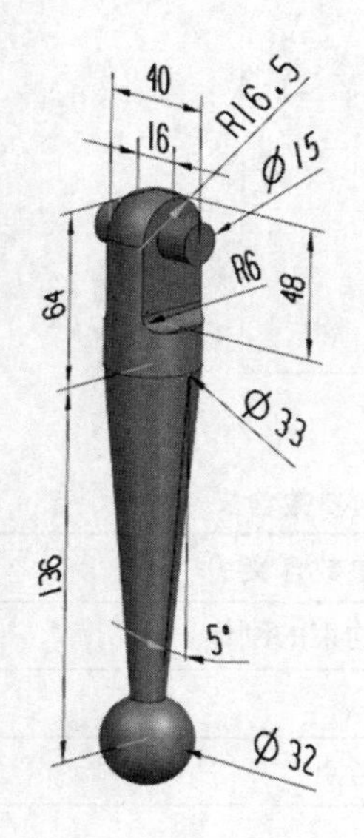

图 3-8 探针

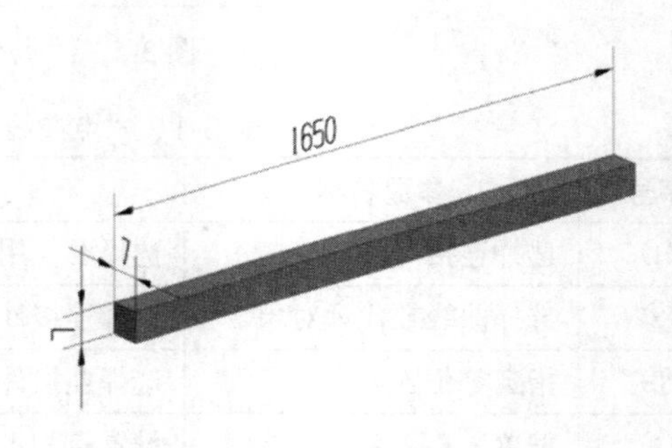

图 3-9 导杆

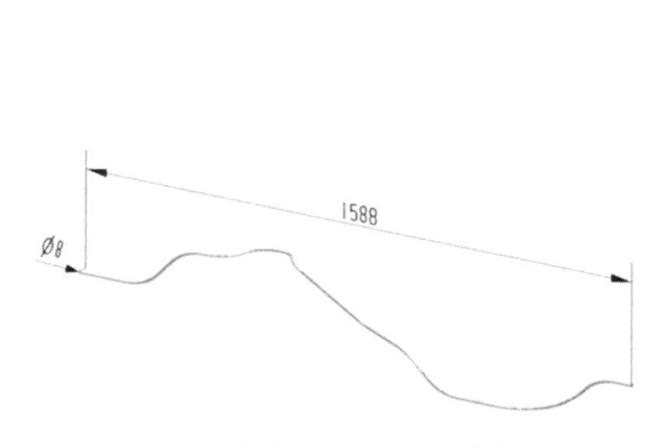

图 3-10　曲线导轨（曲线形状自行创建）

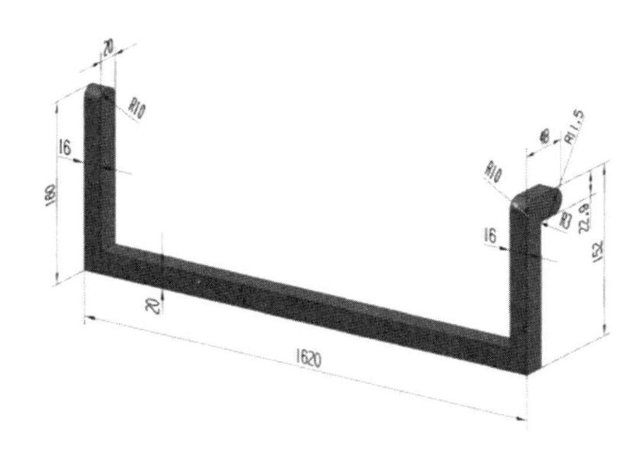

图 3-11　支架

（2）创建装配模型。

按图3-1所示模型，完成模型装配，装配尺寸自行确定。

2. 运动仿真

一、设置基本机电对象		
名称	部件名称	数量
刚体		共____个
二、设置运动副		
名称	参数	数量
铰链副	① 连接件：　　基本件：　　轴矢量： ②	共____个
滑动副	① 连接件：　　基本件：　　轴矢量： ②	共____个
三、设置点在线上副		
名称	参数	
点在线上副	连接件：　　零位置点：　　矢量方向：	
四、设置执行器（二选一）		
名称	参数	
速度控制	机电对象：　　轴类型：　　速度：	
位置控制	机电对象：　　轴类型： 目标：　　速度：	

1.5 思考与练习

1. ____________运动副可以使刚体上的某一点沿着一条曲线运动。

2. 速度控制与位置控制的主要区别是：__________主要控制运动几何体的目标速度，____________可控制运动几何体的目标速度和目标位置。

1.6 检查与评价

项目	序号	内容	评价标准
自我评价	1	正确定义刚体	□已掌握 □基本掌握 □没掌握
	2	正确定义铰链副	□已掌握 □基本掌握 □没掌握
	3	正确定义滑动副	□已掌握 □基本掌握 □没掌握
	4	正确定义点在线上副	□已掌握 □基本掌握 □没掌握
	5	正确定义速度控制或位置控制	□已掌握 □基本掌握 □没掌握
教师评价	1	正确设置刚体	□优 □良 □中 □及格 □不及格
	2	正确设置铰链副、滑动副的参数	□优 □良 □中 □及格 □不及格
	3	正确设置点在线上副的参数	□优 □良 □中 □及格 □不及格
	4	正确设置速度控制（位置控制）的参数	□优 □良 □中 □及格 □不及格
	5	仿真结果	□优 □良 □中 □及格 □不及格
成绩评定		□优 □良 □中 □及格 □不及格	

任务 2 发送器模型建模及运动仿真

2.1 任务目标

- ❖ 掌握模型的建模方法和装配方法。
- ❖ 掌握定义发送器入口和发送器出口的方法。

2.2 任务描述

发送器模型如图3-12所示。

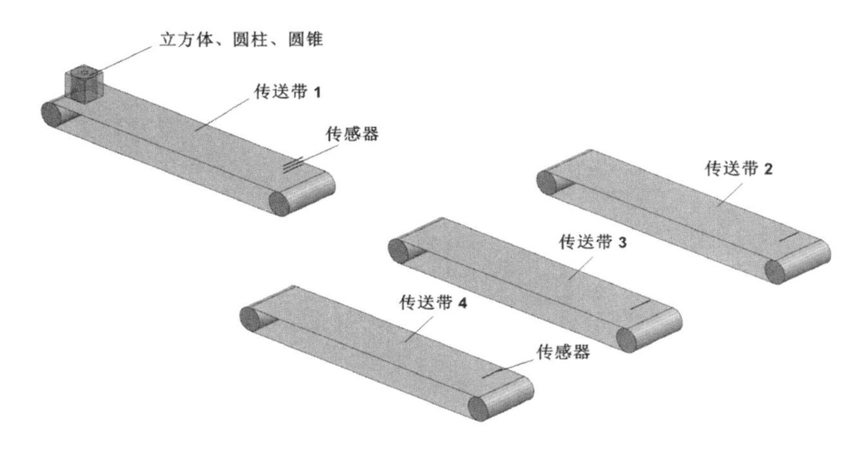

图 3-12 发送器模型

按图3-12中所示模型建模后，运用机电概念设计模块进行运动仿真。

动作流程描述：立方体、圆柱和圆锥物料分别在传送带1上循环依次传送，每件物料间隔时间为1s，当物料传送到传送带1末端时，通过发送器分别发送到传送带2、传送带3和传送带4，最后物料在传送带2～4末端被收集，如图3-13所示。

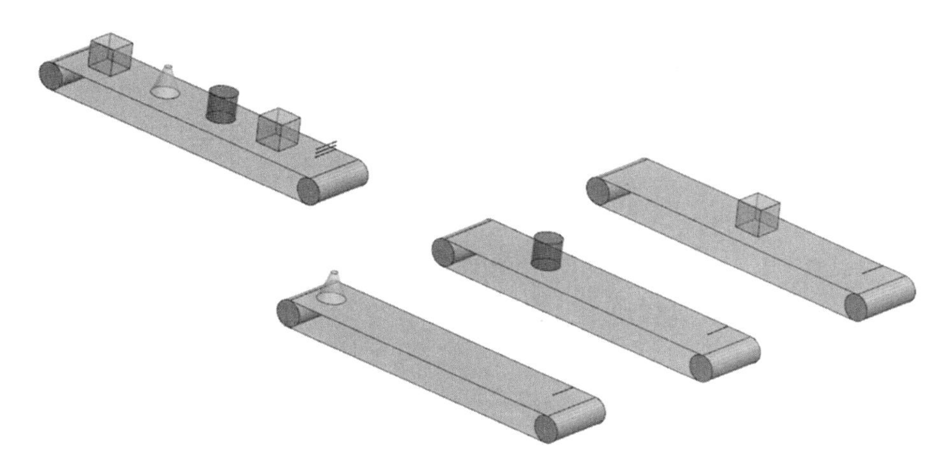

图 3-13 发送器机构工作运行状态

2.3 相关知识

发送器入口（Transmitter Entry）、发送器出口（Transmitter Exit）

“发送器入口”和“发送器出口”命令，可以将运动几何体从某一位置移动到另一目标位置。运动体必须设置为碰撞体，起始位置即入口处，需设置碰撞传感器，目标位置即出口处，指定运动体出现的目标位置点。

调用“发送器入口”命令的方式有三种。

方式一：在机电概念设计模块中，单击“主页”→“刚体”下拉箭头→“发送器入口”，如图3-14所示。

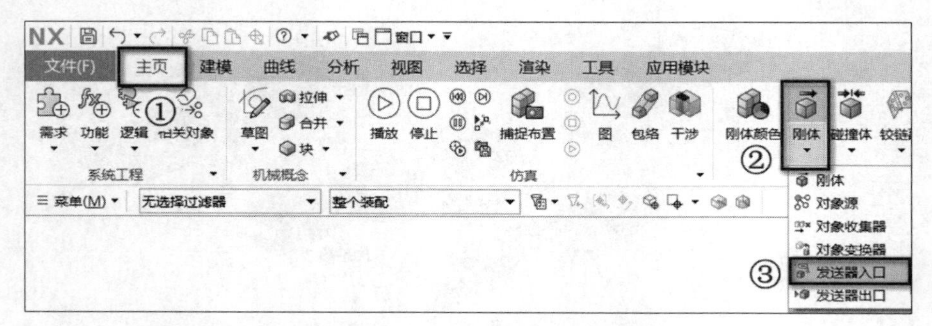

图 3-14　调用“发送器入口”命令的方式一

方式二：在资源工具条中，单击“机电导航器”→右击“基本机电对象”→单击“创建机电对象”→“发送器入口”，如图3-15所示。

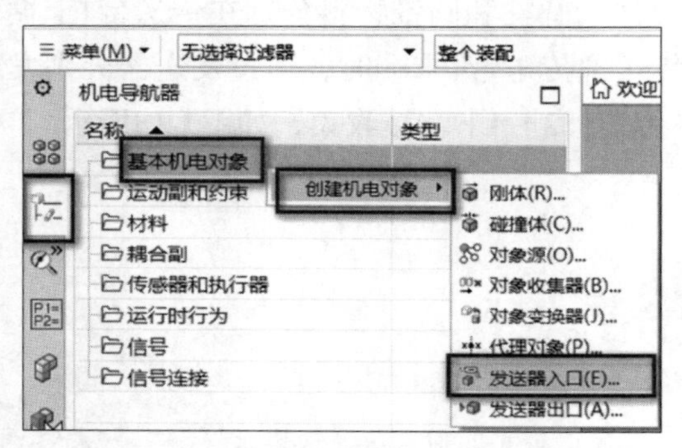

图 3-15　调用“发送器入口”命令的方式二

方式三：在机电概念设计模块中，单击“菜单”→“插入”→“基本机电对象”→“发送器入口”，如图3-16所示。

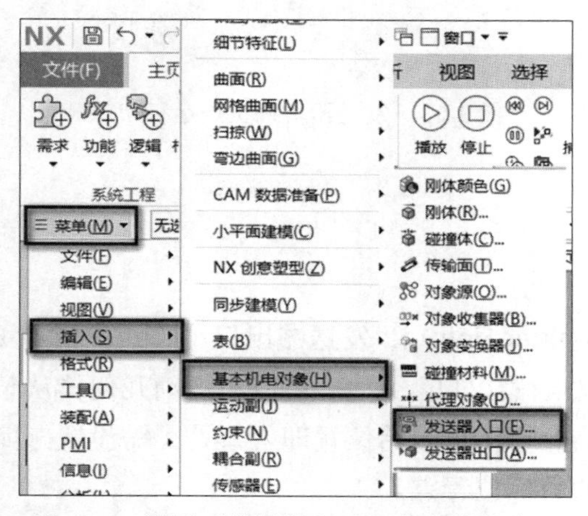

图 3-16　调用“发送器入口”命令的方式三

“发送器入口”对话框打开后如图3-17所示，其参数含义如表3-2所示。

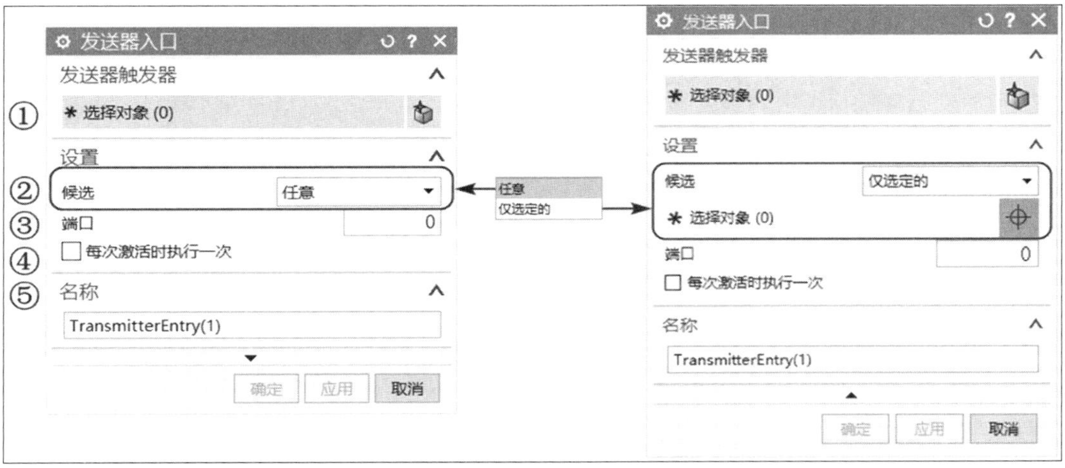

图 3-17　“发送器入口”对话框

表 3-2　“发送器入口”对话框中的参数含义

序号	参数名称	参数含义
①	选择对象	选择碰撞传感器，该传感器根据“候选”选项来设置检测和传输碰撞体
②	候选	用于控制当碰撞体与碰撞传感器碰撞时，是检测和传输所有碰撞体，还是检测和传输指定的碰撞体。 ① 任意：检测和传输与碰撞传感器碰撞的所有碰撞体。 ② 仅选定的：仅检测和传输指定的、与碰撞传感器碰撞的碰撞体。 ③ 选择对象：当“候选”设置为“仅选定的”时显示该项，用于选择要传输的碰撞体
③	端口	指定将碰撞体传输到哪个发送器出口，端口号必须与相应发送器出口指定的端口号匹配
④	每次激活时执行一次	选择该项，则将发送器入口设置为每次激活时执行一次
⑤	名称	设置发送器入口的名称

调用“发送器出口”命令的方式有三种。

方式一：在机电概念设计模块中，单击“主页”→“刚体”下拉箭头→“发送器出口”，如图3-18所示。

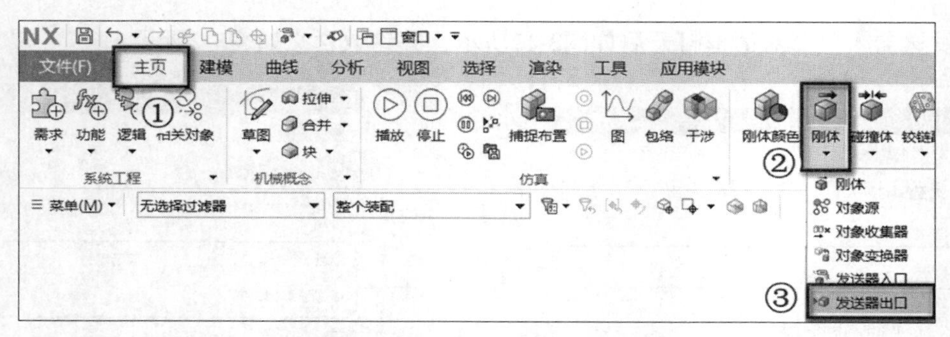

图 3-18　调用“发送器出口”命令的方式一

方式二：在资源工具条中，单击“机电导航器”→右击“基本机电对象”→单击“创建机电对象”→“发送器出口”，如图3-19所示。

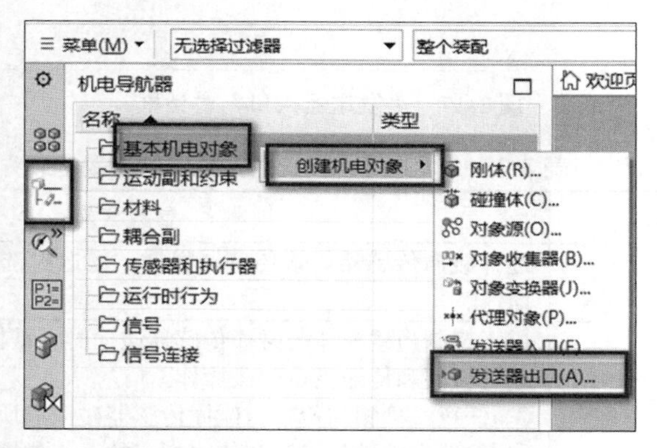

图 3-19　调用“发送器出口”命令的方式二

方式三：在机电概念设计模块中，单击“菜单”→“插入”→“基本机电对象”→“发送器出口”，如图3-20所示。

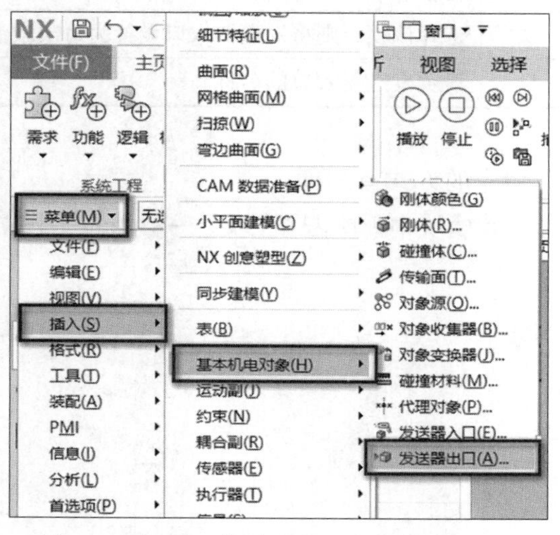

图 3-20　调用“发送器出口”命令的方式三

“发送器出口”对话框打开后如图3-21所示，其参数含义如表3-3所示。

图 3-21　“发送器出口”对话框

表 3-3　“发送器出口”对话框中的参数含义

序号	参数名称	参数含义
①	指定点	指定发送器入口发送的碰撞体出现的目标位置点
②	指定坐标系	指定传输对象的坐标系，如果未指定坐标系，则默认为“发送器入口”对话框中选定对象的刚体的坐标系方向
③	选择参考	用于选择刚体作为传输对象的参考坐标系
④	端口	设置与对应发送器入口的端口号相匹配的端口号，以确定将指定的碰撞体传输到对应发送器出口点位置
⑤	名称	设置发送器出口的名称

2.4　任务实施

1. 模型建模

（1）创建零件的三维模型。

零件模型的尺寸如图3-22至图3-26所示。

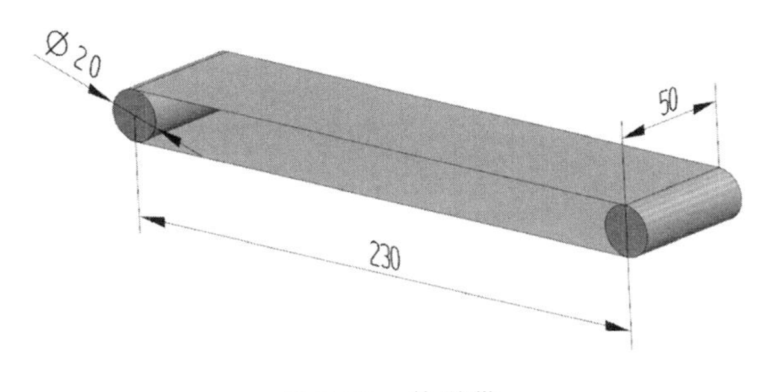

图 3-22　传送带

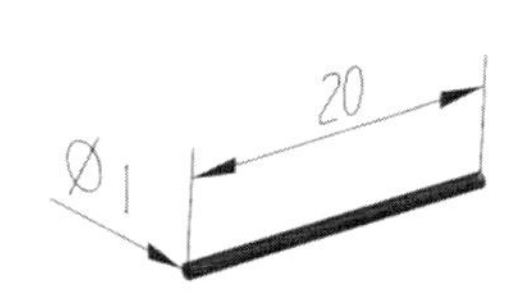

图 3-23　传感器

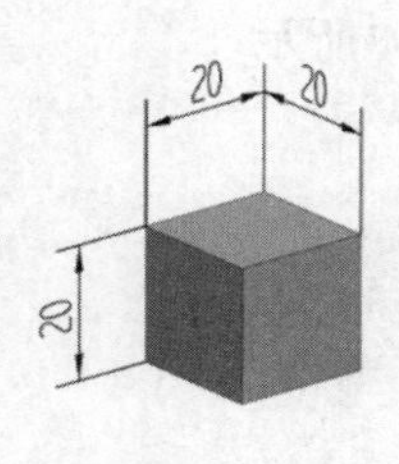

图 3-24　立方体

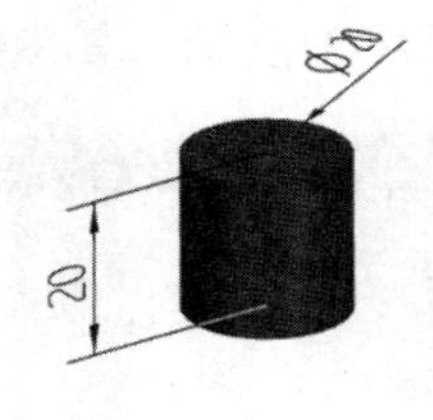

图 3-25　圆柱

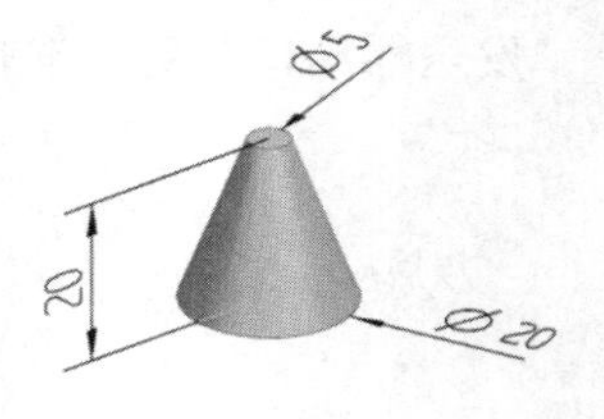

图 3-26　圆锥

（2）创建装配模型。

按图3-12所示模型，完成模型装配，装配尺寸自行确定。

2. 运动仿真

一、设置基本机电对象		
名称	部件名称及参数	数量
刚体	部件名称：	共____个
碰撞体	① 部件名称：　　　　碰撞形状： ②	共____个
对象源	① 部件名称：　　　　触发方式： 　其他参数： ②	共____个
对象收集器	部件名称：	共____个
二、设置传输面		
名称	部件名称及参数	数量
传输面	① 部件名称：　　　　运动类型： 　矢量方向：　　　　速度： ②	共____个
三、设置传感器		
名称	作用及数量	
碰撞传感器	作用____________________　　共____个 作用____________________　　共____个	
四、设置发送器		
名称	部件名称	数量
入口		共____个
出口		共____个

2.5　思考与练习

1. 用__________和__________命令可以将运动几何体从某一位置移动到另一目标位置。起始点位置用____________命令设置，目标点位置用_____________设置。

2. 采用发送器发送的运动体必须设置为_________，起始位置即入口处，需设置__________，目标位置即出口处，指定运动体出现的____________。

2.6　检查与评价

项目	序号	内容	评价标准
自我评价	1	正确定义刚体	□已掌握　□基本掌握　□没掌握
	2	正确定义碰撞体	□已掌握　□基本掌握　□没掌握
	3	正确定义对象源	□已掌握　□基本掌握　□没掌握
	4	正确定义对象收集器	□已掌握　□基本掌握　□没掌握
	5	正确定义传输面	□已掌握　□基本掌握　□没掌握
	6	正确定义碰撞传感器	□已掌握　□基本掌握　□没掌握
	7	掌握发送器的特性，并正确定义发送器入口和发送器出口	□已掌握　□基本掌握　□没掌握
教师评价	1	正确设置刚体、碰撞体、对象源、对象收集器、传输面的参数	□优　□良　□中　□及格　□不及格
	2	正确设置碰撞传感器的参数	□优　□良　□中　□及格　□不及格
	3	正确设置发送器入口、发送器出口的参数	□优　□良　□中　□及格　□不及格
	4	仿真结果	□优　□良　□中　□及格　□不及格
成绩评定		□优　□良　□中　□及格　□不及格	

项目四　仿真序列

知识目标

- 掌握中等复杂模型的建模方法和装配方法。
- 掌握仿真序列的概念及使用方法。
- 能应用仿真序列的功能完成简单任务的逻辑控制，实现仿真过程。
- 掌握耦合副的含义及定义方法。

任务1　曲线轨迹跟踪往复运动模型建模及运动仿真

1.1　任务目标

- 掌握仿真序列的概念及使用方法。
- 掌握序列编辑器的使用方法。

1.2　任务描述

曲线轨迹跟踪模型如图4-1所示。

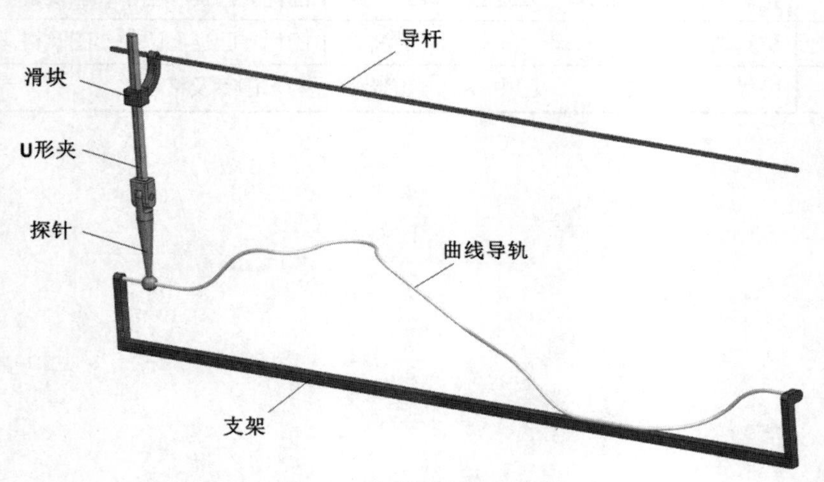

图4-1　曲线轨迹跟踪模型

按图4-1中所示模型建模后，运用机电概念设计模块进行运动仿真。

动作流程描述：探针头部圆球球心沿曲线导轨做往复运动。

1.3　相关知识

1. 传感器——距离传感器（Distance Sensor）

距离传感器用来检测对象与传感器之间的距离。该传感器可检测传感器到最近碰撞体的距离，并反馈数值和信号来监视和控制事件。

调用“距离传感器”命令的方式有三种。

方式一：在机电概念设计模块中，单击“主页”→“碰撞传感器”下拉箭头→“距离传感器”，如图4-2所示。

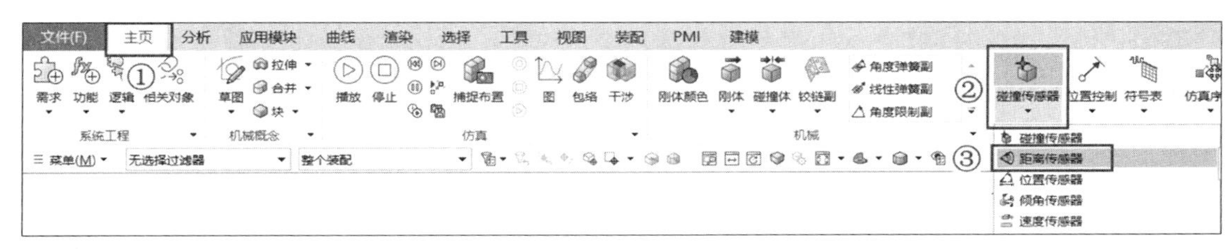

图 4-2　调用“距离传感器”命令的方式一

方式二：在资源工具条中，单击“机电导航器”→右击“传感器和执行器”→单击“创建机电对象”→“距离”，如图4-3所示。

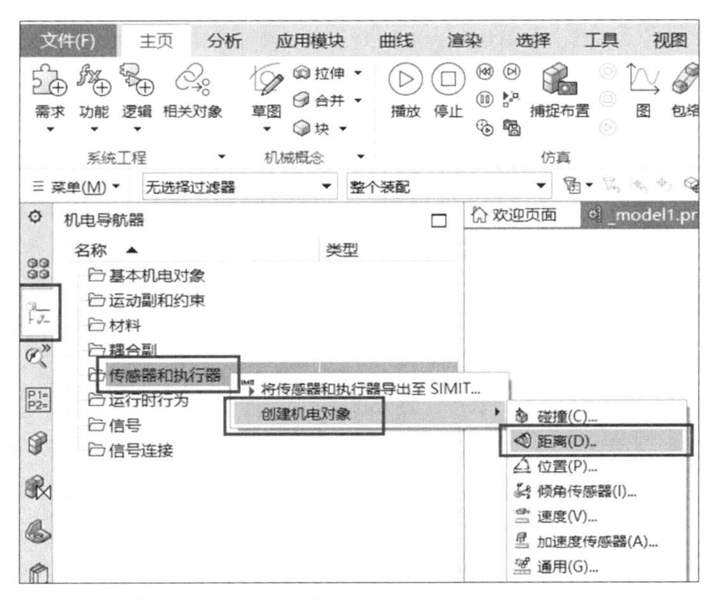

图 4-3　调用“距离传感器”命令的方式二

方式三：在机电概念设计模块中，单击“菜单”→“插入”→“传感器”→“距离”，如图4-4所示。

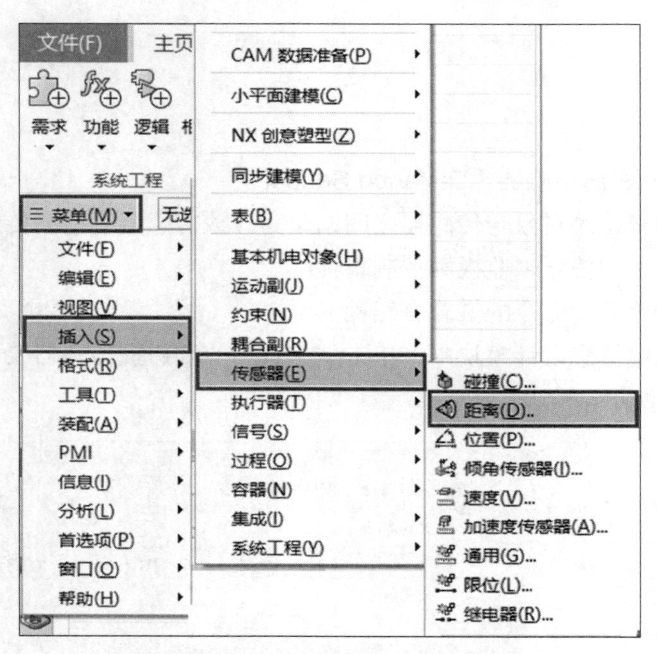

图 4-4 调用“距离传感器”命令的方式三

“距离传感器”对话框打开后如图4-5所示，其参数含义如表4-1所示。

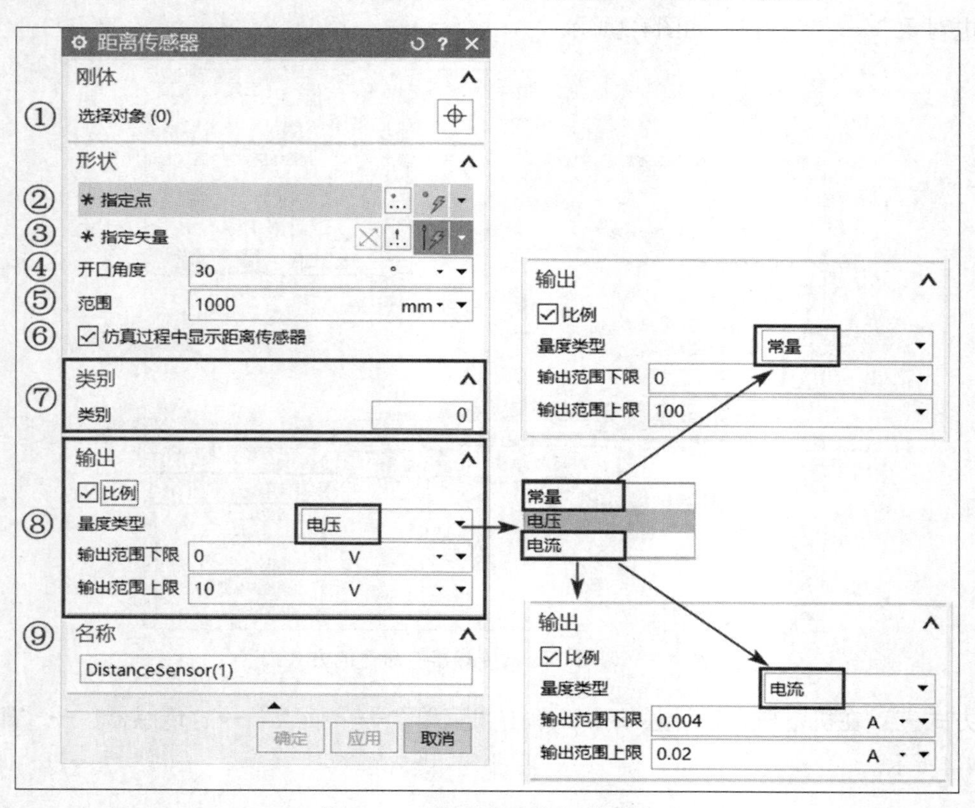

图 4-5 “距离传感器”对话框

表 4-1 “距离传感器”对话框中的参数含义

序号	参数名称	参数含义
①	选择对象	选择一个刚体作为距离传感器
②	指定点	指定距离传感器测量距离的起点
③	指定矢量	指定距离传感器测量的方向
④	开口角度	指定距离传感器测量范围的打开角度
⑤	范围	指定距离传感器测量的长度范围
⑥	仿真过程中显示距离传感器	在仿真运行的过程中显示距离传感器范围
⑦	类别	类别默认值为“0”，表示距离传感器能够检测到所有类别的碰撞体；如果设置为不同的类别值，则距离传感器仅检测到类别为“0”和具有相同类别的碰撞体；当系统中有多个碰撞体时，可使用此选项来减少碰撞计算时间
⑧	输出	勾选“比例”选项后，允许设置输出比例值。 ① 量度类型：选择输出参数类型，包括“常量”“电压”“电流”三种参数类型。 ② 输出范围下限：设置最小输出值。 ③ 输出范围上限：设置最大输出值
⑨	名称	设置距离传感器的名称

2. 仿真序列（Operation）

仿真序列是创建可以访问机电概念设计模块中任何对象的控制元素。在机电概念设计模块中，可以通过仿真序列访问任何对象的参数，如执行机构（速度控制中的速度、位置控制中的位置）、运动副（移动副、铰链副的连接件）等，也可以使用仿真序列来控制执行机构的启动时间、持续时间和执行速度等。

使用仿真序列可以执行以下操作：

（1）创建条件语句以确定何时触发改变控制对象的参数；

（2）将对象参数的值更改为在仿真序列中设置的值；

（3）根据指定的事件暂停运行时模拟；

（4）在虚拟调试期间激活或停用操作，以在机电概念设计模块中通过仿真序列或外部映射信号来测试信号；

（5）将仿真序列导出到SIMATIC STEP7中，可以将其转换为顺序功能逻辑，并使用虚拟或真实PLC进行测试。

仿真序列是机电概念设计模块处理机构动作的逻辑关系与仿真演示的快捷方式，它可以将各个执行器与传感器进行关联，从而实现逻辑控制。

仿真序列有两种基本类型。

（1）基于时间的仿真序列：通过设置固定的时间完成定制行为，如在特定时间段内激活运动副、执行机构、传输面的动作等。

（2）基于事件的仿真序列：能过条件语句控制是否触发定制行为，如触发碰撞传感器激活时速度控制执行器停止等。

调用“仿真序列”命令的方式有三种。

方式一：在机电概念设计模块中，单击“主页”→“自动化”命令组→“仿真序列”，如图4-6所示。

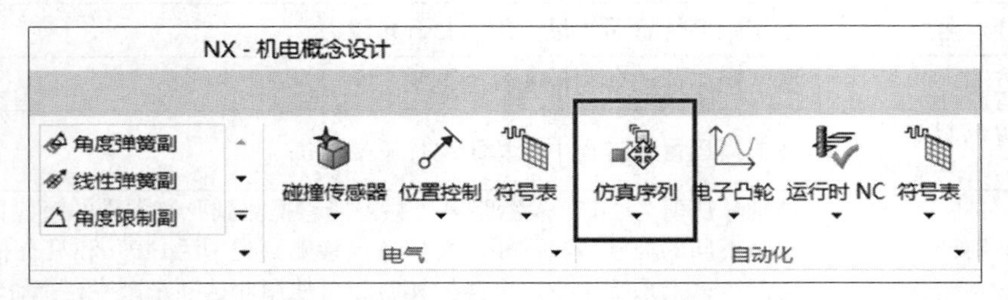

图 4-6　调用“仿真序列”命令的方式一

方式二：在资源工具条中，单击“序列编辑器”→空白处右击菜单中选择“添加仿真序列”，如图4-7所示。

方式三：在机电概念设计模块中，单击“菜单”→“插入”→“过程”→“仿真序列”，如图4-8所示。

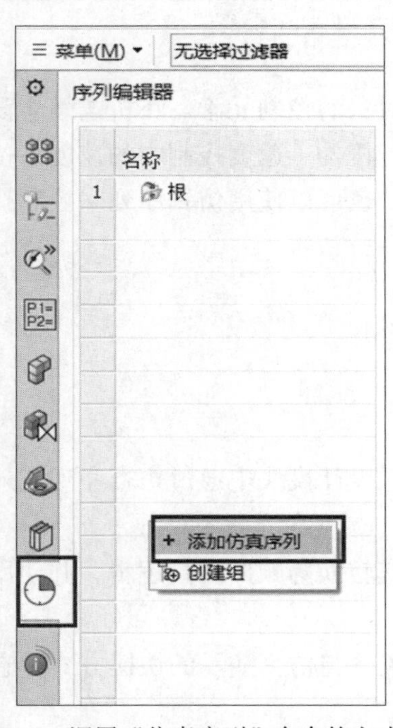

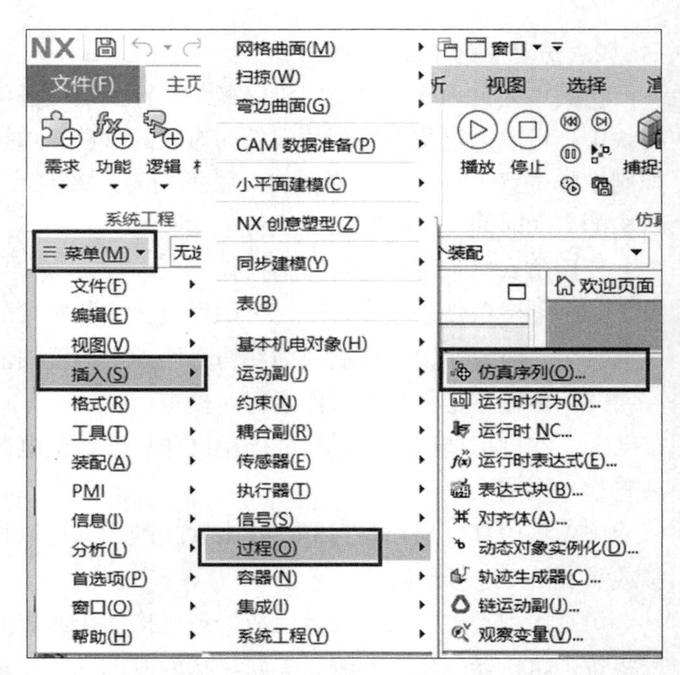

图 4-7　调用“仿真序列”命令的方式二　　　　图 4-8　调用“仿真序列”命令的方式三

“仿真序列”对话框打开后如图4-9所示，其参数含义如表4-2所示。

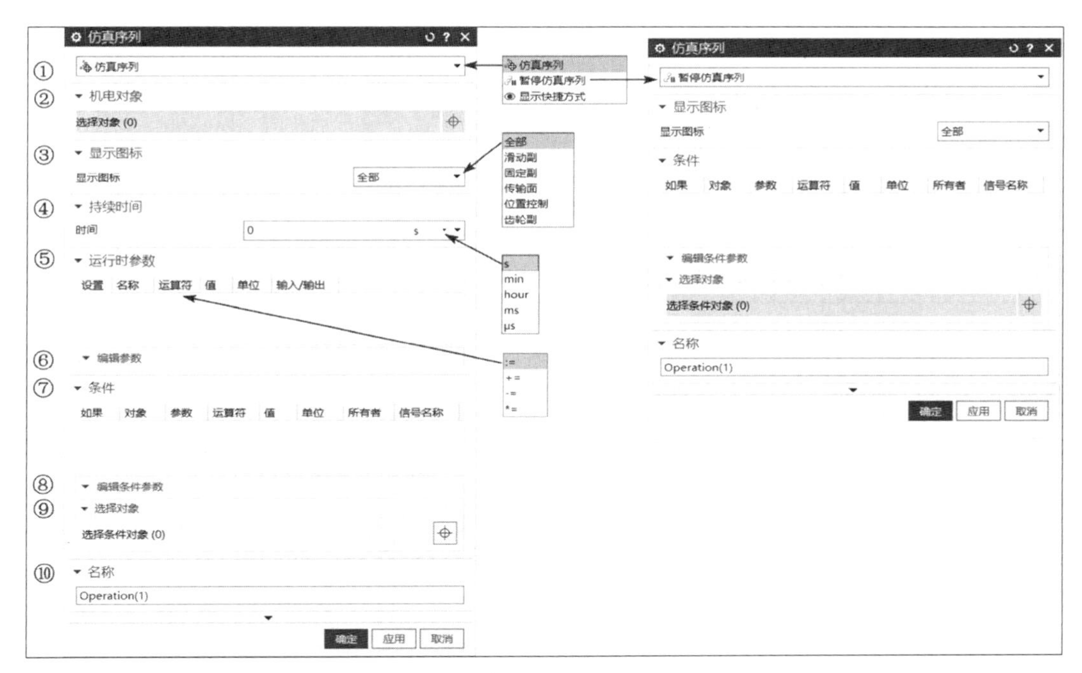

图 4-9　“仿真序列”对话框

表 4-2　“仿真序列”对话框中的参数含义

序号	参数名称	参数含义
①	类型	指定要创建的操作类型：仿真序列或暂停仿真序列
②	选择对象	当“类型”设置为“仿真序列”时出现该项，用于设置要控制的机电对象
③	显示图标	用于过滤图形窗口中的机电对象图标的显示，显示全部图标或仅显示选定机电对象的图标
④	持续时间	当“类型”设置为“仿真序列”时出现该项，设置仿真序列的持续时间
⑤	运行时参数	“类型”设置为“仿真序列”时可用该项，在列表中的“选择对象”选中对象的所有可修改的参数。 ① 设置：勾选后可修改此参数的值。 ② 名称：可修改该参数的名称。 ③ 运算符：赋值运算符。 ④ 值：参数的当前值，如果为双精度型值，则可在“编辑参数”中输入参数值。 ⑤ 单位：“值”对应的单位。 ⑥ 输入/输出：定义该参数是否可以被其他软件识别
⑥	编辑参数	① 当在运行时参数列表中选中机电对象，该对象需要赋参数值时，此项可用； ② 当在运行时参数列表中勾选参数复选框，并在运行时参数列表中选择参数行时，可以指定该参数的值
⑦	条件	① 当选择“选择条件对象”时可用该项； ② 显示所有可用条件，对选择对象的一个或多个参数创建条件表达式，用于控制当前仿真序列是否执行； ③ 在条件列表中任一条件行右击，可选择“添加组”来添加条件，各个条件之间的逻辑关系可选择And或Or

（续表）

序号	参数名称	参数含义
⑧	编辑条件参数	用于指定条件列表中选定参数的值
⑨	选择条件对象	① 当“类型”设置为“仿真序列”时，可以选择一个条件对象，该对象提供运行时参数以确定仿真序列的启动条件。 ② 当“类型”设置为“暂停仿真序列”时，可以创建条件来控制仿真序列暂停
⑩	名称	设置仿真序列的名称

通过“仿真序列”命令创建的所有仿真序列，可在导航器中的“序列编辑器”中查看并编辑。“序列编辑器”可用于管理仿真序列在何时或什么条件下开始执行，控制执行机构或其他对象在不同时刻的不同状态。

双击资源工具条中的“序列编辑器”图标，打开“序列编辑器”对话框，如图4-10所示。在“序列编辑器”中，可以对所有仿真序列进行编辑和操作，如链接、调整时间、复制、删除、上下移动顺序等。“序列编辑器”中常用图标的含义如表4-3所示。

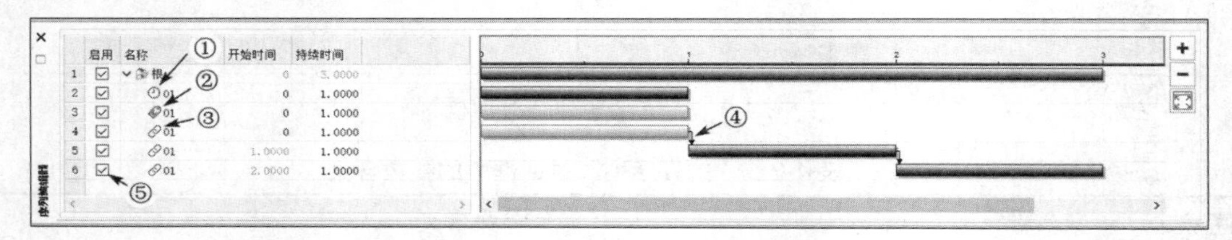

图 4-10　“序列编辑器”对话框

表 4-3　“序列编辑器”中常用图标的含义

序号	图标	含义
①		基于时间的仿真序列，在右侧框中显示为蓝色条形
②		基于事件的仿真序列，在右侧框中显示为绿色条形
③		基于事件的仿真序列与另一仿真序列（时间或事件仿真序列）相连。 ① 在左侧框中，选中两行或两行以上仿真序列后，在右击菜单中选择“创建链接器”即可创建链接。 ② 在右侧框中，按住仿真序列拖向另一仿真序列即可创建链接
④		链接器，用于连接两个仿真序列，在右侧框中右击此图标可改变连接条件：And或Or，也可以删除链接器
⑤		控制仿真序列的活动性

1.4　任务实施

1. 模型建模

本项目模型同图3-1模型。

2. 设置仿真序列

（1）新建仿真序列“从左到右”。

当支架左侧距离传感器检测到探针时，滑块带动U形夹和探针，从支架左端当前位置向右端运动到直线距离1500mm处，操作过程如图4-11所示。

①“选择对象”设置为“位置控制（滑块）”。

② 运行时参数选中“速度”和“位置”，在“速度”的“值”的右击菜单中选择“Auto Calculate（自动计算）”，“位置”的“值”通过测量探针中心到支架右端的直线距离得出（注意：“速度”的“值”也可以直接设置速度值，无须设置持续时间）。

③ 持续时间为“5s”（可自行设定）。

④“选择条件对象”设置为“距离传感器（左检测）”。

⑤ 条件中的“值”选择“true”。

⑥ 仿真序列的名称设置为“从左到右”。

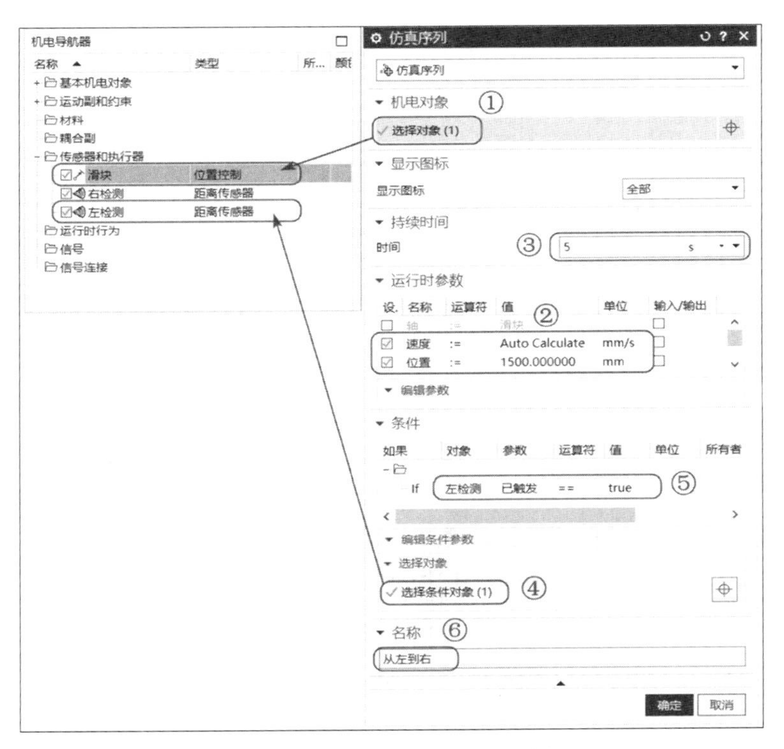

图 4-11　新建仿真序列“从左到右”

（2）新建仿真序列“从右到左”。

当支架右侧距离传感器检测到探针时，滑块带动U形夹和探针，从支架右端回到左端初始位置，操作过程如图4-12所示。

①“选择对象”设置为“位置控制（滑块）”。

② 运行时参数选中“速度”和“位置”，在“速度”的“值”的右击菜单中选择“Auto

Calculate（自动计算）”，“位置”的“值”设置为“0”（回到初始位置时，值设置为0）。

③ 持续时间为“5s”（可自行设定）。

④“选择条件对象”设置为“距离传感器（右检测）”。

⑤ 条件中的“值”选择“true”。

⑥ 仿真序列的名称设置为“从右到左”。

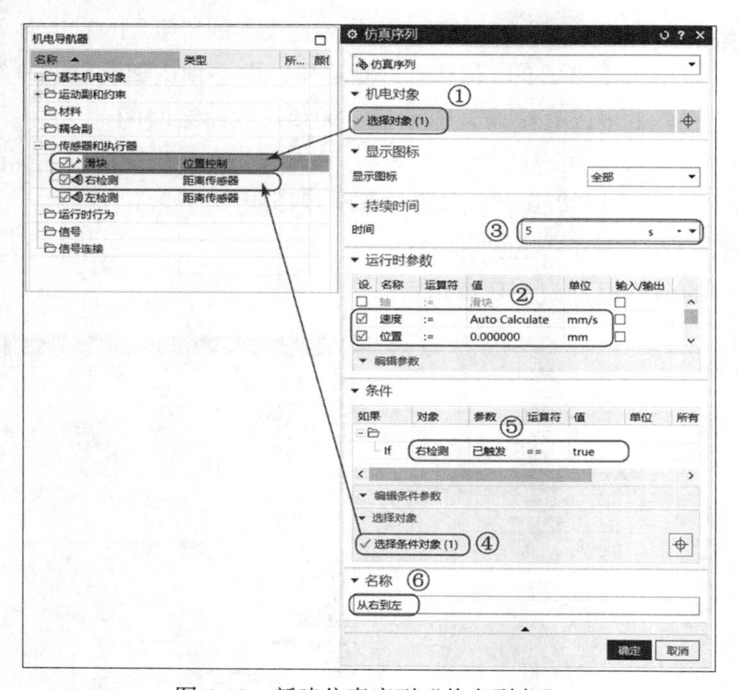

图 4-12 新建仿真序列“从右到左”

创建完仿真序列后，可在资源工具条的“序列编辑器”中查看和编辑仿真序列，如图4-13所示，也可以双击“序列编辑器”图标后，在弹出的对话框中查看和编辑仿真序列，如图4-14所示。

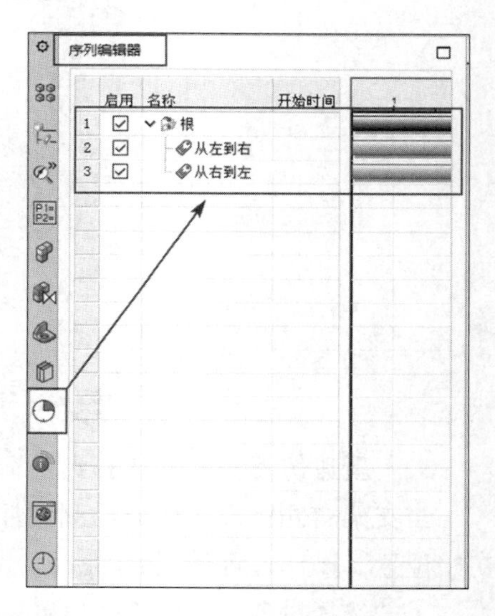

图 4-13 资源工具条中的“序列编辑器”

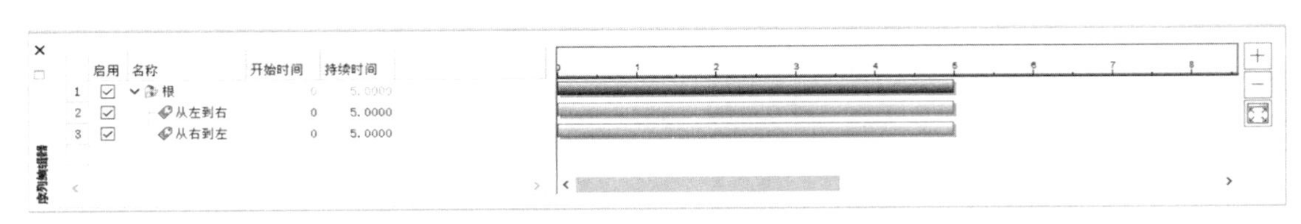

图 4-14　“序列编辑器”对话框

3. 运动仿真

<table>
<tr><td colspan="3">一、设置传感器</td></tr>
<tr><td>名称</td><td colspan="2">传感器类型及参数</td></tr>
<tr><td>传感器</td><td colspan="2">左侧选用__________传感器，开口角度_______，范围_______；
右侧选用__________传感器，开口角度_______，范围_______</td></tr>
<tr><td colspan="3">二、设置碰撞体</td></tr>
<tr><td>名称</td><td>部件名称</td><td>数量</td></tr>
<tr><td>碰撞体</td><td></td><td>共____个</td></tr>
<tr><td colspan="3">三、设置执行器</td></tr>
<tr><td>名称</td><td colspan="2">参数</td></tr>
<tr><td>位置控制</td><td colspan="2">机电对象：　目标：　速度：</td></tr>
<tr><td colspan="3">四、仿真序列</td></tr>
<tr><td rowspan="2">仿真序列</td><td colspan="2">仿真序列1：_________
（1）机电对象：
（2）运行时参数：
（3）持续时间：
（4）运行条件：</td></tr>
<tr><td colspan="2">仿真序列2：_________
（1）机电对象：
（2）运行时参数：
（3）持续时间：
（4）运行条件：</td></tr>
</table>

1.5　思考与练习

1. __________是创建可以访问机电概念设计模块中任何对象的控制元素。在机电概念设计模块中，可以通过__________访问任何对象的参数来控制执行机构的启动时间、持续时间和执行速度等。

2. 仿真序列有两种基本类型：基于__________仿真序列和基于__________仿真序列。

3. 通过“仿真序列”命令创建的所有仿真序列，可在导航器中的__________中查看并编辑，__________可用于管理仿真序列在何时或什么条件下开始执行，控制执行机构或其他对象在不同时刻的不同状态。

1.6 检查与评价

项目	序号	内容	评价标准
自我评价	1	正确定义传感器	□已掌握 □基本掌握 □没掌握
	2	正确定义碰撞体	□已掌握 □基本掌握 □没掌握
	3	正确定义位置控制	□已掌握 □基本掌握 □没掌握
	4	正确定义仿真序列	□已掌握 □基本掌握 □没掌握
教师评价	1	正确设置传感器	□优 □良 □中 □及格 □不及格
	2	正确设置碰撞体	□优 □良 □中 □及格 □不及格
	3	正确设置位置控制的参数	□优 □良 □中 □及格 □不及格
	4	正确设置各仿真序列的参数	□优 □良 □中 □及格 □不及格
	5	仿真结果	□优 □良 □中 □及格 □不及格
成绩评定		□优 □良 □中 □及格 □不及格	

任务2 简单吸盘搬运模型建模及运动仿真

2.1 任务目标

- ❖ 掌握模型的建模方法和装配方法。
- ❖ 掌握仿真序列的概念，理解仿真序列参数的含义。
- ❖ 掌握定义仿真序列的方法，能应用仿真序列的功能完成吸盘式搬运物料简单任务的逻辑控制，实现仿真过程。

2.2 任务描述

简单吸盘模型如图4-15所示。

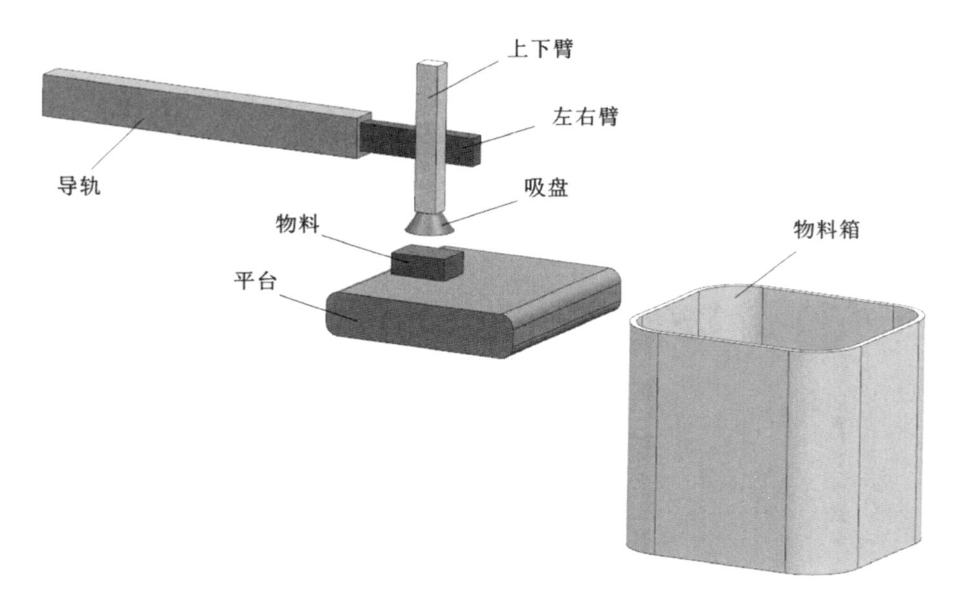

图 4-15　简单吸盘模型

按图4-15中所示模型建模后，运用机电概念设计模块进行运动仿真。

动作流程描述：当平台上有物料时，上下臂带动吸盘下降吸住物料后，再上升回到初始位置；然后左右臂带动上下臂和吸盘，将物料搬运至物料箱上方后，吸盘松开，物料掉入物料箱中，左右臂带动上下臂和吸盘回到初始位置；当左右臂复位时出现下一物料，循环重复搬运物料的动作。

2.3　任务实施

1. 模型建模

（1）创建零件的三维模型。

零件模型的尺寸如图4-16至图4-22所示。

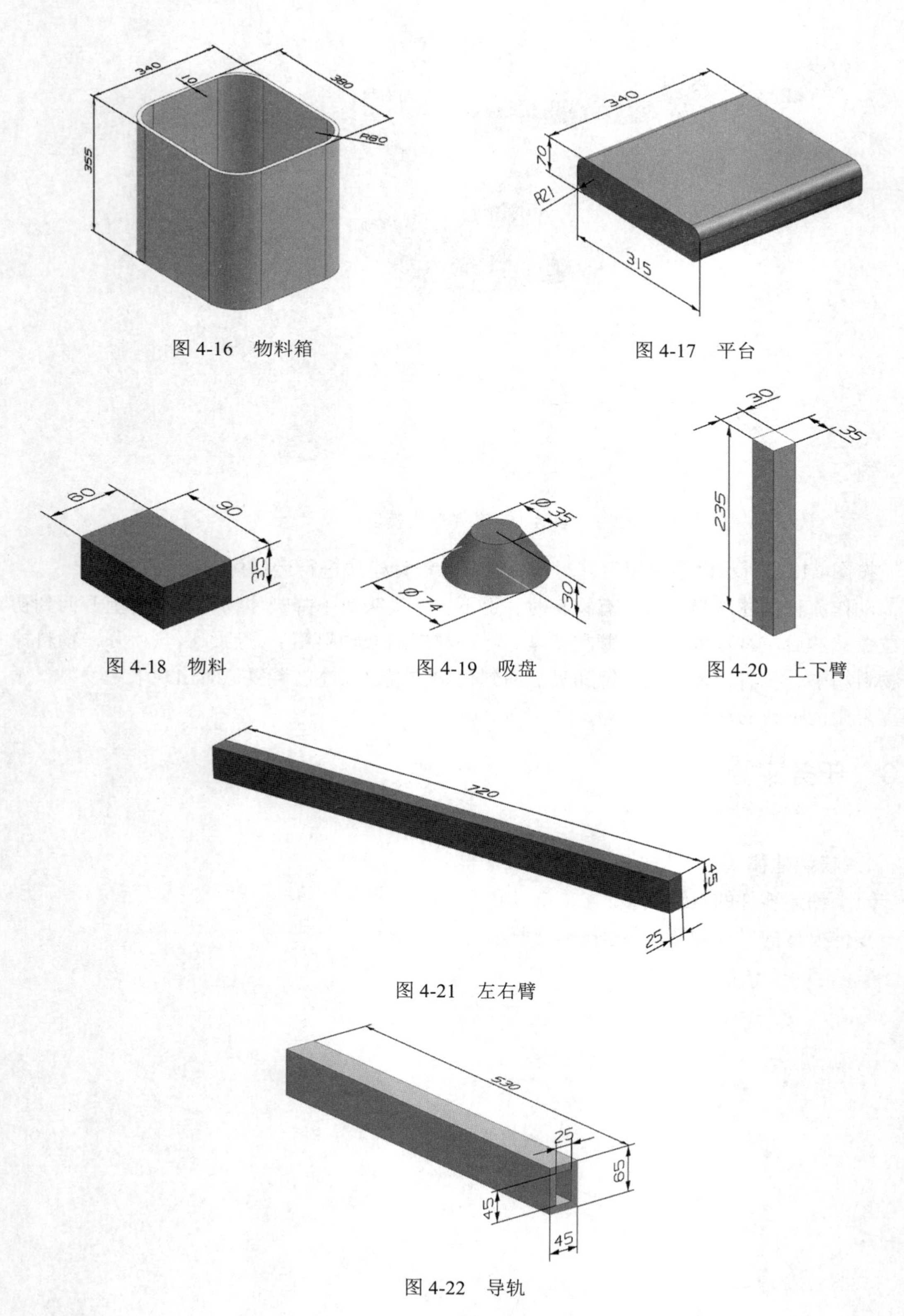

图 4-16　物料箱

图 4-17　平台

图 4-18　物料

图 4-19　吸盘

图 4-20　上下臂

图 4-21　左右臂

图 4-22　导轨

（2）创建装配模型。

按图4-15所示模型，完成模型装配，装配尺寸自行确定。

2. 运动仿真

一、设置基本机电对象		
名称	部件名称及参数	数量
刚体	部件名称：	共____个
碰撞体	① 部件名称：　　　　碰撞形状： ②	共____个
对象源	① 部件名称：　　　　触发方式： 其他参数： ②	共____个
二、设置运动副		
名称	参数	数量
滑动副	① 连接件：　　　　基本件：　　　　轴矢量： ②	共____个
固定副	① 连接件：　　　　基本件： ②	共____个
三、设置执行器		
名称	参数	数量
位置控制	① 机电对象：　　　　目标：　　　速度： ②	共____个
四、设置传感器		
名称	部件名称	数量
碰撞传感器	① 部件名称：　　　　碰撞形状： ②	共____个
五、仿真序列		
仿真序列步骤	→　　　　→　　　　→ →　　　　→　　　　→	

2.4 检查与评价

项目	序号	内容	评价标准
自我评价	1	正确定义刚体	□已掌握 □基本掌握 □没掌握
	2	正确定义碰撞体	□已掌握 □基本掌握 □没掌握
	3	正确定义对象源	□已掌握 □基本掌握 □没掌握
	4	正确定义滑动副	□已掌握 □基本掌握 □没掌握
	5	正确定义固定副	□已掌握 □基本掌握 □没掌握
	6	正确定义位置控制	□已掌握 □基本掌握 □没掌握
	7	正确定义碰撞传感器	□已掌握 □基本掌握 □没掌握
	8	掌握定义仿真序列的方法，并正确定义仿真序列	□已掌握 □基本掌握 □没掌握
教师评价	1	正确设置刚体、碰撞体、对象源、滑动副、固定副的参数	□优 □良 □中 □及格 □不及格
	2	正确设置位置控制的参数	□优 □良 □中 □及格 □不及格
	3	正确设置碰撞传感器的参数	□优 □良 □中 □及格 □不及格
	4	正确定义仿真序列及参数	□优 □良 □中 □及格 □不及格
	5	仿真结果	□优 □良 □中 □及格 □不及格
成绩评定		□优 □良 □中 □及格 □不及格	

任务3 简单机械臂循环搬运模型建模及运动仿真

3.1 任务目标

- ❖ 掌握模型的建模方法和装配方法。
- ❖ 掌握仿真序列的概念，理解仿真序列参数的含义。
- ❖ 掌握定义仿真序列的方法，能应用仿真序列的功能完成循环吸盘式搬运物料任务的逻辑控制，实现仿真过程。

3.2 任务描述

简单机械臂循环搬运模型如图4-23所示。

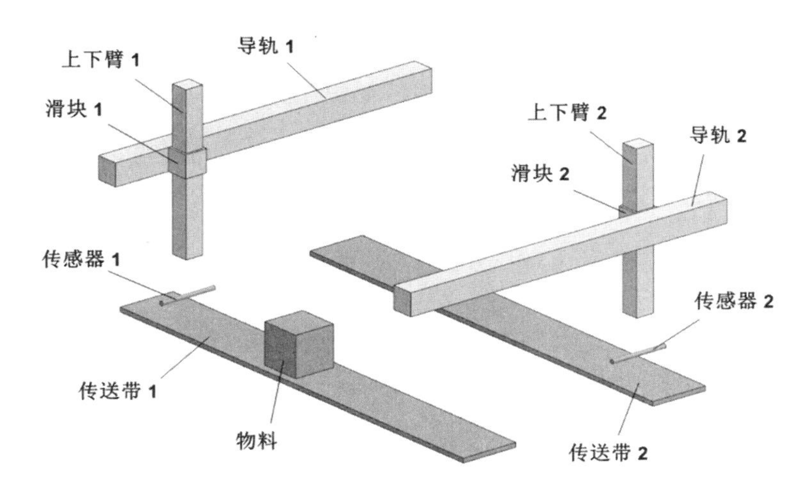

图 4-23 简单机械臂循环搬运模型

按图4-23中所示模型建模后，运用机电概念设计模块进行运动仿真。

动作流程描述：

动作组1：物料在传送带1上传送，当物料碰到传感器1时，上下臂1向下运动并吸住物料后，上升回到初始高度；然后滑块1带动上下臂1沿导轨1滑动至传送带2上方停止，上下臂1下降将物料放置在传送带2上后，上升回到初始高度；滑块1带动上下臂1复位回到传送带1上方初始位置。

动作组2：物料继续在传送带2上传送，动作要求与动作组1相同，上下臂2将物料搬运回传送带1，从而实现循环搬运。

3.3 任务实施

1. 模型建模

（1）创建零件的三维模型。

零件模型的尺寸如图4-24至图4-29所示。

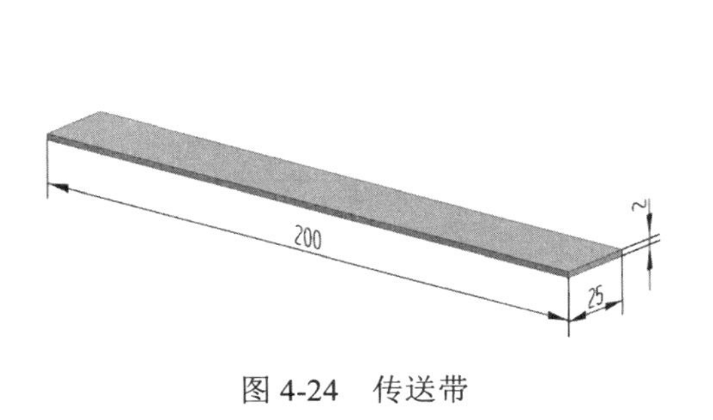

图 4-24 传送带

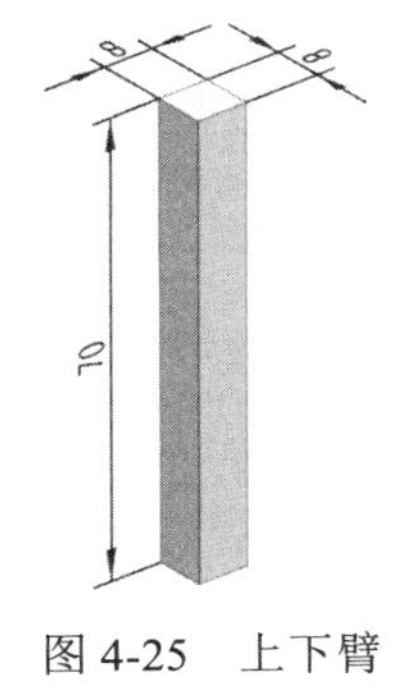

图 4-25 上下臂

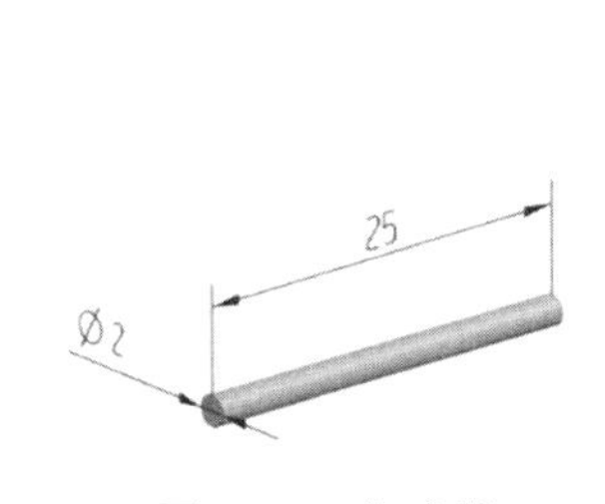

图 4-26 传感器

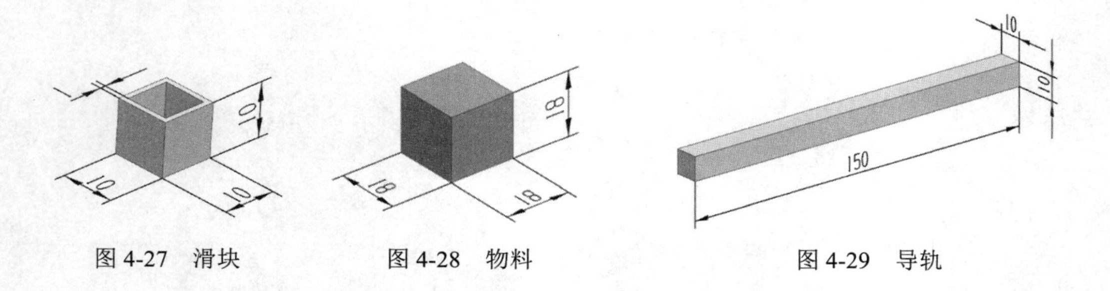

图 4-27　滑块　　图 4-28　物料　　图 4-29　导轨

（2）创建装配模型。

按图4-23所示的模型，完成模型装配，装配尺寸自行确定。

2. 运动仿真

<table>
<tr><td colspan="3">一、设置基本机电对象</td></tr>
<tr><td>名称</td><td>部件名称及参数</td><td>数量</td></tr>
<tr><td>刚体</td><td>部件名称：</td><td>共____个</td></tr>
<tr><td>碰撞体</td><td>① 部件名称：　　碰撞形状：
②</td><td>共____个</td></tr>
<tr><td colspan="3">二、设置传输面</td></tr>
<tr><td>名称</td><td>部件名称及参数</td><td>数量</td></tr>
<tr><td>传输面</td><td>① 部件名称：　　运动类型：
矢量方向：　　速度：
②</td><td>共____个</td></tr>
<tr><td colspan="3">三、设置运动副</td></tr>
<tr><td>名称</td><td>参数</td><td>数量</td></tr>
<tr><td>滑动副</td><td>① 连接件：　　基本件：　　轴矢量：
②</td><td>共____个</td></tr>
<tr><td>固定副</td><td>① 连接件：　　基本件：
②</td><td>共____个</td></tr>
<tr><td colspan="3">四、设置执行器</td></tr>
<tr><td>名称</td><td>参数</td><td>数量</td></tr>
<tr><td>位置控制</td><td>① 机电对象：　　目标：　　速度：
②</td><td>共____个</td></tr>
</table>

（续表）

五、设置传感器		
名称	部件名称及参数	数量
碰撞传感器	① 部件名称： 碰撞形状： ②	共____个
六、仿真序列		
仿真序列步骤	→ → → → → →	

3.4 检查与评价

项目	序号	内容	评价标准
自我评价	1	正确定义刚体	□已掌握 □基本掌握 □没掌握
	2	正确定义碰撞体	□已掌握 □基本掌握 □没掌握
	3	正确定义滑动副	□已掌握 □基本掌握 □没掌握
	4	正确定义固定副	□已掌握 □基本掌握 □没掌握
	5	正确定义位置控制	□已掌握 □基本掌握 □没掌握
	6	正确定义碰撞传感器	□已掌握 □基本掌握 □没掌握
	7	掌握定义仿真序列的方法，并正确定义仿真序列	□已掌握 □基本掌握 □没掌握
教师评价	1	正确设置刚体、碰撞体、滑动副、固定副的参数	□优 □良 □中 □及格 □不及格
	2	正确设置位置控制的参数	□优 □良 □中 □及格 □不及格
	3	正确设置碰撞传感器的参数	□优 □良 □中 □及格 □不及格
	4	正确定义仿真序列及参数	□优 □良 □中 □及格 □不及格
	5	仿真结果	□优 □良 □中 □及格 □不及格
成绩评定		□优 □良 □中 □及格 □不及格	

任务 4 简单搬运机械臂产线模型建模及运动仿真

4.1 任务目标

❖ 掌握模型的建模方法和装配方法。

❖ 掌握定义仿真序列的方法，能应用仿真序列的功能完成抓取式机械臂搬运输送物料的模拟加工流水线的仿真控制，模拟实现一个物料的生成、运输、加工、包装、收集等逻辑控制过程。

❖ 掌握耦合副的含义及定义方法。

4.2 任务描述

简单搬运机械臂产线模型，如图4-30所示。

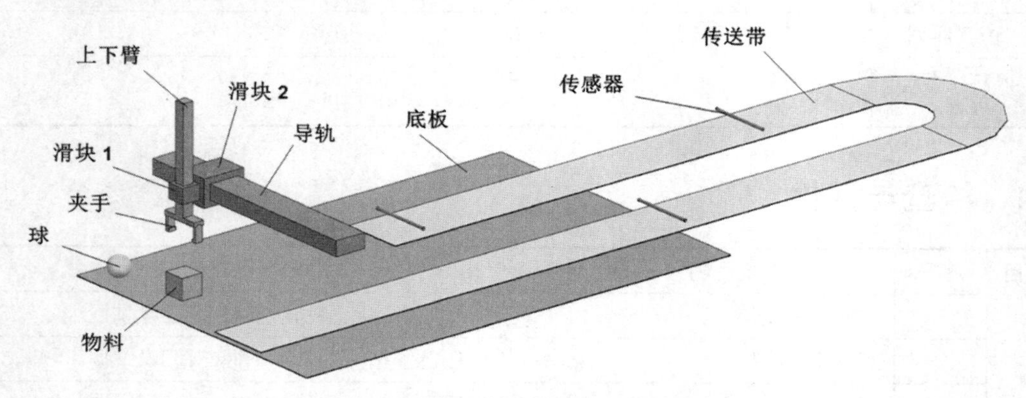

图 4-30 简单搬运机械臂产线模型

按图4-30中所示模型建模后，运用机电概念设计模块进行运动仿真。

动作流程描述：当物料出现时，夹手下降夹取物料后上升回到初始高度，然后将物料搬运并放置到传送带上，夹手复位回到初始位置。当前一个物料被放置在传送带上时，出现下一个物料，循环重复前述夹取搬运动作。

物料在传送带上传送时，当碰到传感器1时变换颜色，碰到传感器2时变换形状为圆球，碰到传感器3时被收集，运行过程如图4-31所示。

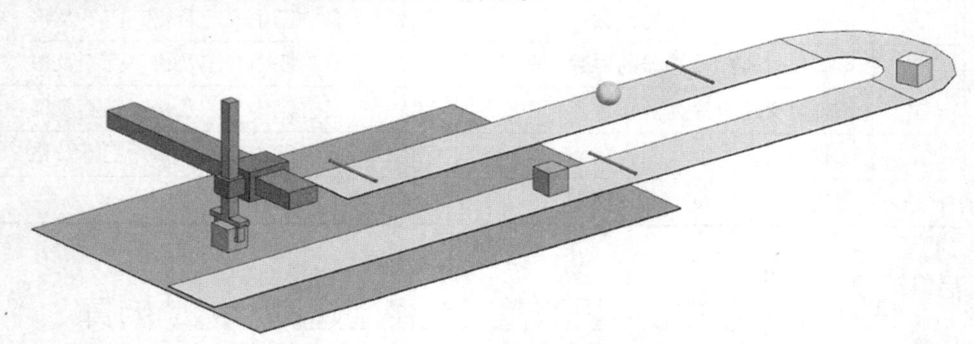

图 4-31 简单搬运机械臂产线模型的运行过程

4.3 相关知识

耦合副——齿轮（Gear）

“齿轮”命令可以创建连接两个同轴的运动的耦合对象，使它们以固定比率运动，实现运动和动力的传递。

“齿轮”命令允许主对象和从对象同时选择铰链副、滑动副或柱面副，按照设定的齿轮传动比约束（主倍数/从倍数）关系来运动。

调用“齿轮”命令的方式有三种。

方式一：在机电概念设计模块中，单击“主页”→“机械”命令组中的更多选项箭头→“齿轮”，如图4-32所示。

图 4-32　调用“齿轮”命令的方式一

方式二：在资源工具条中，单击“机电导航器”→右击“耦合副”→单击“创建机电对象”→“齿轮”，如图4-33所示。

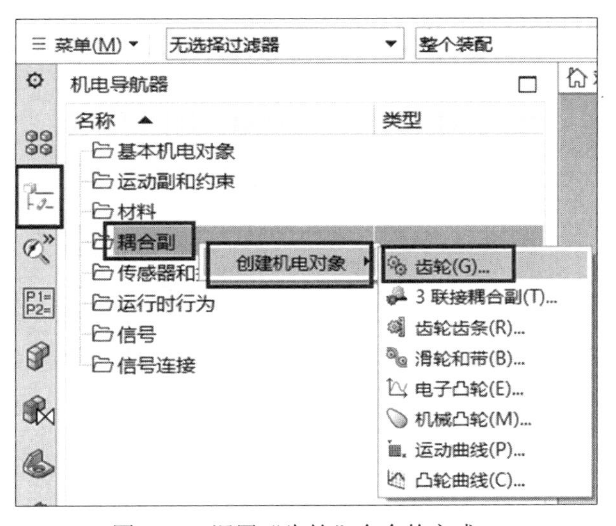

图 4-33　调用“齿轮”命令的方式二

方式三：在机电概念设计模块中，单击“菜单”→“插入”→“耦合副”→“齿轮”，如图4-33所示。

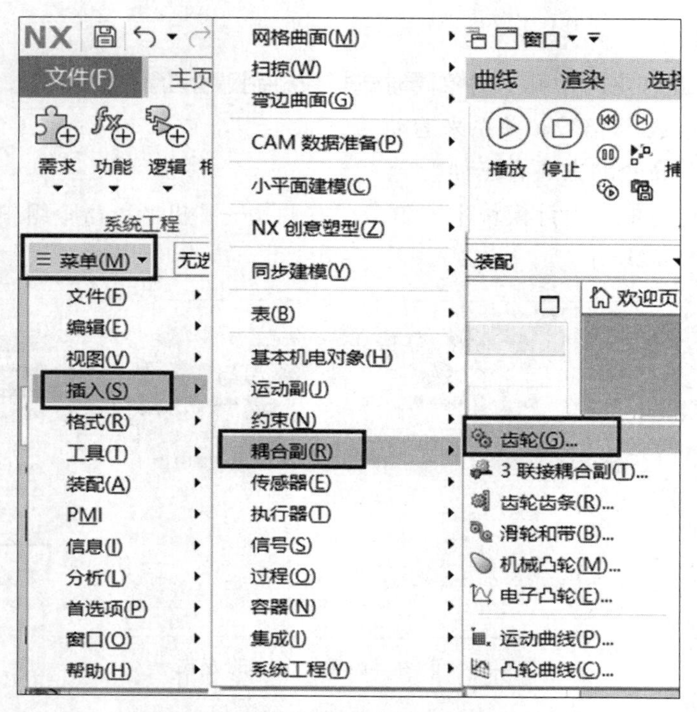

图 4-34　调用“齿轮”命令的方式三

“齿轮”对话框打开后如图4-35所示，其参数含义如表4-4所示。

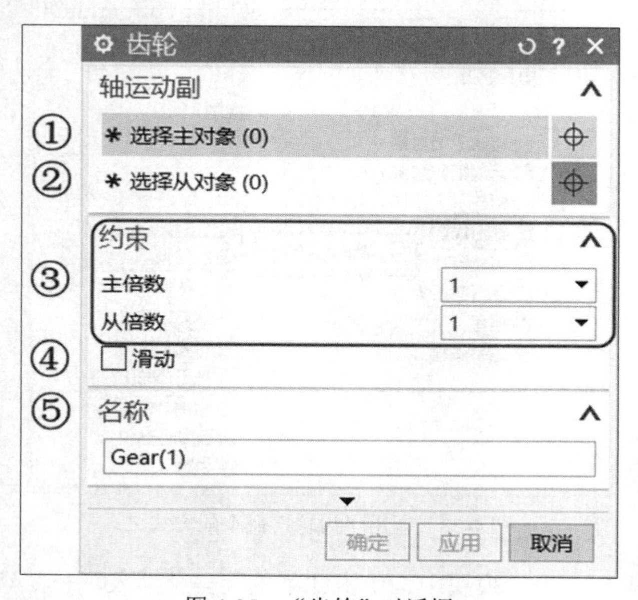

图 4-35　“齿轮”对话框

表 4-4　“齿轮”对话框中的参数含义

序号	参数名称	参数含义
①	选择主对象	选择一个运动副作为主对象
②	选择从对象	选择一个运动副作为从对象，从对象的运动副类型必须和主对象一致
③	约束	用于定义主对象与从对象之间的传动比。 ① 主倍数：设置主对象的主倍数。 ② 从倍数：设置从对象的从倍数。 ③ 传动比为主倍数除以从倍数
④	滑动	选择此项后，允许轻微的打滑，如带传动
⑤	名称	设置齿轮的名称

4.4　任务实施

1. 模型建模

（1）创建零件的三维模型。

底板尺寸按1000mm×1500mm×2.5mm建模，其他零件模型的尺寸如图4-36至图4-44所示。

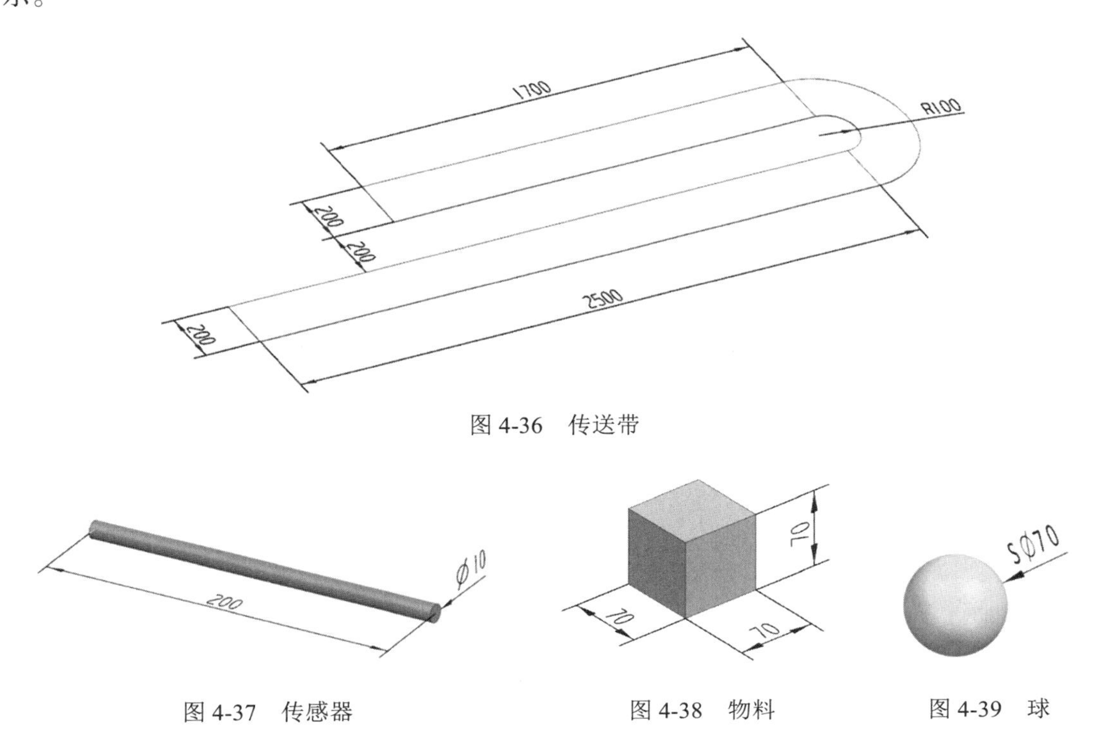

图 4-36　传送带

图 4-37　传感器　　图 4-38　物料　　图 4-39　球

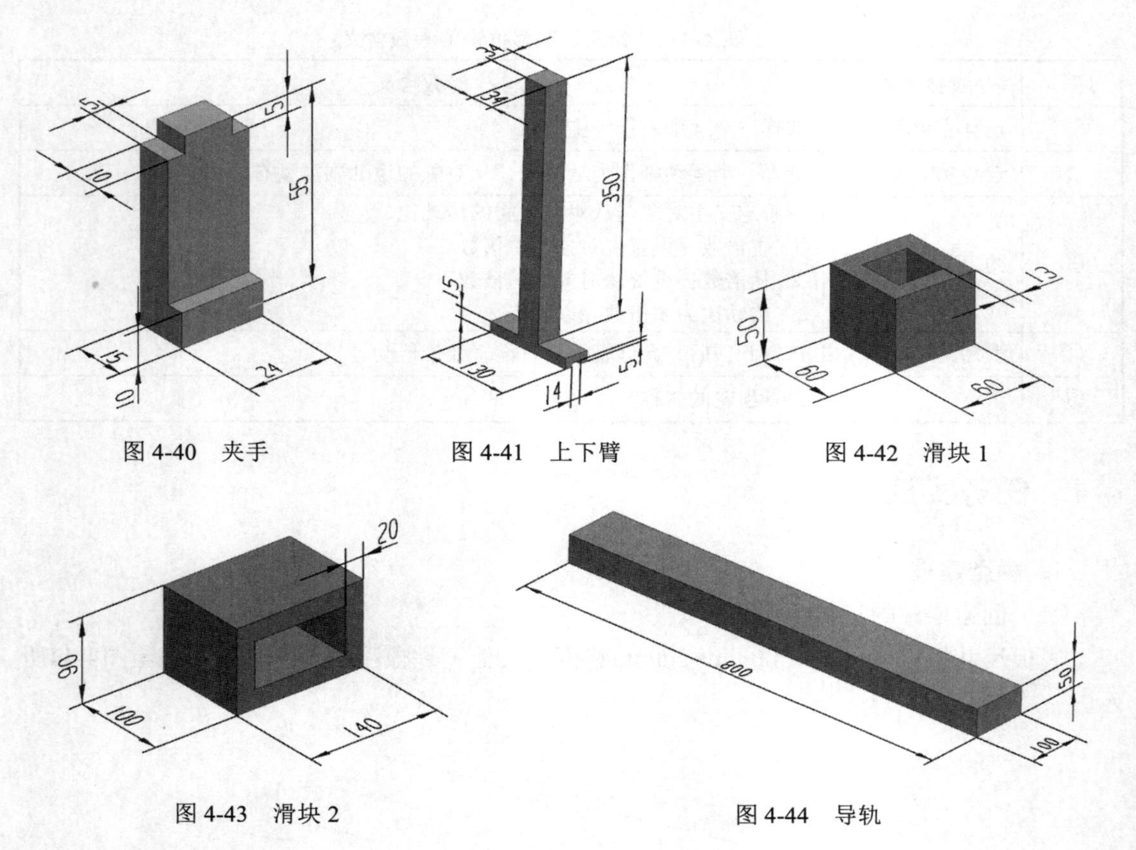

图 4-40　夹手　　图 4-41　上下臂　　图 4-42　滑块 1

图 4-43　滑块 2　　图 4-44　导轨

（2）创建装配模型。

按图4-30所示的模型，完成模型装配，装配尺寸自行确定。

2. 运动仿真

一、设置基本机电对象		
名称	部件名称及参数	数量
刚体	部件名称：	共____个
碰撞体	① 部件名称：　　　碰撞形状： ②	共____个
对象源	① 部件名称：　　　触发方式： 其他参数： ②	共____个
对象收集器	部件名称：	共____个
二、设置传输面		
名称	部件名称及参数	数量

（续表）

传输面	① 部件名称：　　　　运动类型： 　矢量方向：　　　　速度： ②	共____个
三、设置运动副		
名称	参数	数量
滑动副	① 连接件：　　　　基本件：　　　　轴矢量： ②	共____个
固定副	① 连接件：　　　　基本件： ②	共____个
四、设置耦合副		
名称	参数	数量
齿轮	① 主对象和从对象： 　主倍数和从倍数： ②	共____个
五、设置执行器		
名称	参数	数量
位置控制	① 机电对象：　　　　目标：　　　　速度： ②	共____个
六、设置传感器		
名称	部件名称及参数	数量
碰撞传感器	① 部件名称：　　　　碰撞形状： ②	共____个
七、设置变换对象属性		
名称	参数	数量
显示更改器	① 触发对象：　　　　执行模式： ②	共____个
对象变换器	① 变换触发器：　　　　变换为 ②	共____个
八、仿真序列		
仿真序列步骤	→　　　　→　　　　→ →　　　　→　　　　→	

4.5 思考与练习

1. 耦合副的_____命令可以创建连接两个同轴的运动的耦合对象，使它们以固定比率运动。

2. 要实现主对象与从对象做同步运动，主倍数设置为_______，从倍数设置为_______。

3. “齿轮”对话框中的“滑动”选项，是当运动机构中存在_________现象时才勾选，如带传动。

4.6 检查与评价

项目	序号	内容	评价标准
自我评价	1	正确定义刚体	□已掌握 □基本掌握 □没掌握
	2	正确定义碰撞体	□已掌握 □基本掌握 □没掌握
	3	正确定义对象源	□已掌握 □基本掌握 □没掌握
	4	正确定义对象收集器	□已掌握 □基本掌握 □没掌握
	5	正确定义传输面	□已掌握 □基本掌握 □没掌握
	6	正确定义滑动副	□已掌握 □基本掌握 □没掌握
	7	正确定义固定副	□已掌握 □基本掌握 □没掌握
	8	正确定义齿轮	□已掌握 □基本掌握 □没掌握
	9	正确定义位置控制	□已掌握 □基本掌握 □没掌握
	10	正确定义碰撞传感器	□已掌握 □基本掌握 □没掌握
	11	正确定义显示更改器	□已掌握 □基本掌握 □没掌握
	12	正确定义对象变换器	□已掌握 □基本掌握 □没掌握
	13	掌握定义仿真序列的方法，并正确定义仿真序列	□已掌握 □基本掌握 □没掌握
教师评价	1	正确设置刚体、碰撞体、对象源、对象收集器的参数	□优 □良 □中 □及格 □不及格
	2	正确设置传输面、滑动副、固定副的参数	□优 □良 □中 □及格 □不及格
	3	正确设置齿轮的参数	□优 □良 □中 □及格 □不及格
	4	正确设置位置控制的参数	□优 □良 □中 □及格 □不及格
	5	正确设置碰撞传感器的参数	□优 □良 □中 □及格 □不及格
	6	正确设置显示更改器、对象变换器的参数	□优 □良 □中 □及格 □不及格
	7	正确定义仿真序列及参数	□优 □良 □中 □及格 □不及格
	8	仿真结果	□优 □良 □中 □及格 □不及格
成绩评定	□优 □良 □中 □及格 □不及格		

任务 5 机械手搬运物料机构模型建模及运动仿真

5.1 任务目标

❖ 掌握模型的建模方法和装配方法。
❖ 掌握路径约束运动副的含义及定义方法。

5.2 任务描述

机械手搬运物料机构模型如图4-45所示。

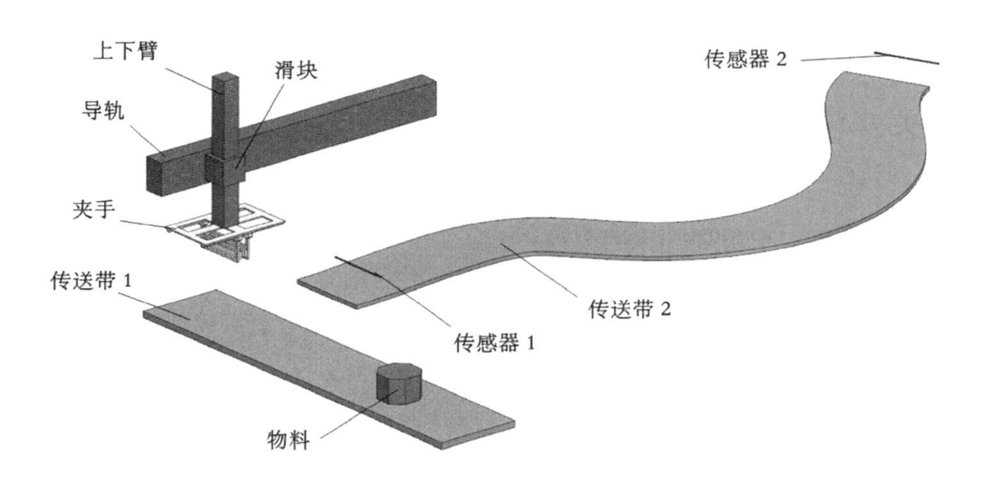

图 4-45 机械手搬运物料机构模型

按图4-45中所示模型建模后，运用机电概念设计模块进行运动仿真。

动作流程描述：当传感器检测到物料传送到夹手下方时，夹手张开并下降夹取物料，然后夹手上升回到初始高度，将物料搬运至传送带2上方后，夹手旋转90°并下降放置物料到传送带2上，夹手上升复位、合拢复位、旋转复位后回到初始位置。当前一个物料被放置到传送带2上时，下一个物料出现，重复前述动作。

物料在传送带2上运用路径约束运动副方式传送，当物料被传送到传送带2末端时被收集。路径约束运动副传送方式示意图如图4-46所示。

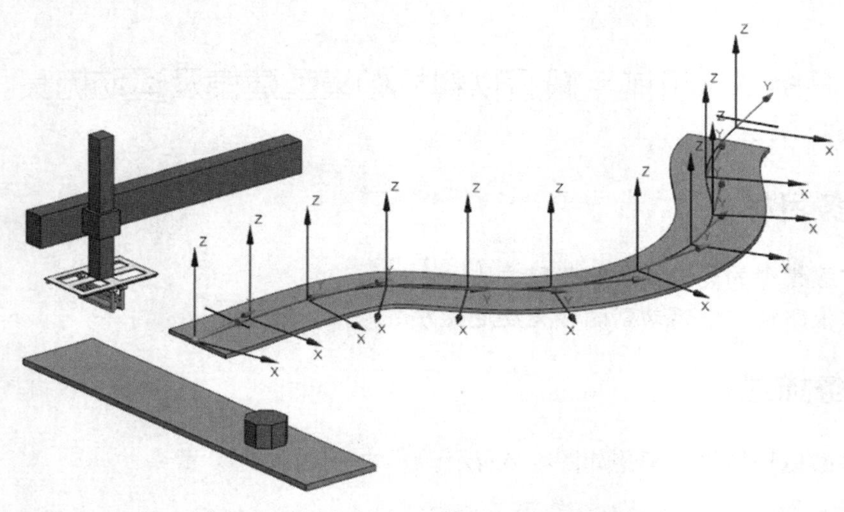

图 4-46　路径约束运动副传送方式示意图

5.3　相关知识

路径约束（Path Constraint）运动副

路径约束运动副可以根据所需的方向和位置控制刚体的空间运动，刚体运动的路径是通过定义一系列点的方式来创建的，该命令可以用来模拟零件和机器人沿特定路径的运动。

调用“路径约束运动副”命令的方式有三种。

方式一：在机电概念设计模块中，单击“主页”→“机械”命令组的“铰链副”下拉箭头→“路径约束运动副”，如图4-47所示。

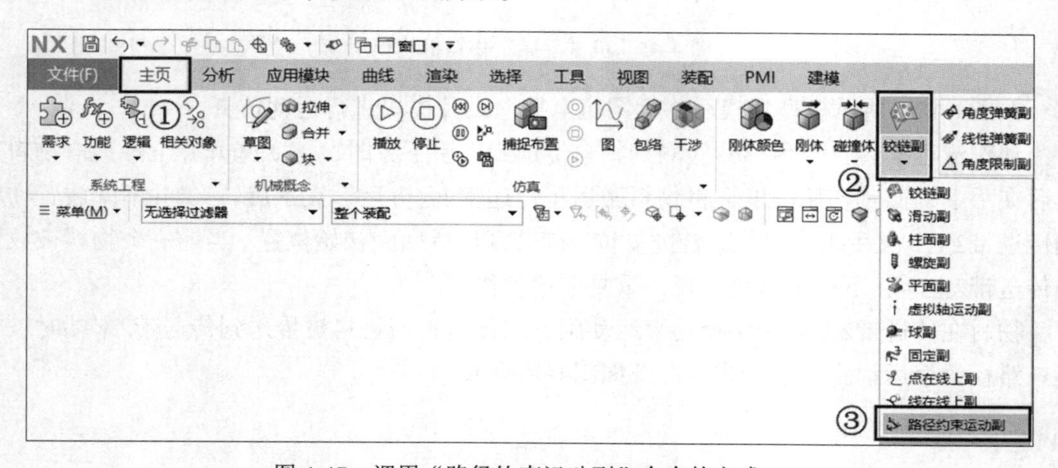

图 4-47　调用“路径约束运动副”命令的方式一

方式二：在资源工具条中，单击“机电导航器”→右击“运动副和约束”→单击“创建机电对象”→“路径约束”，如图4-48所示。

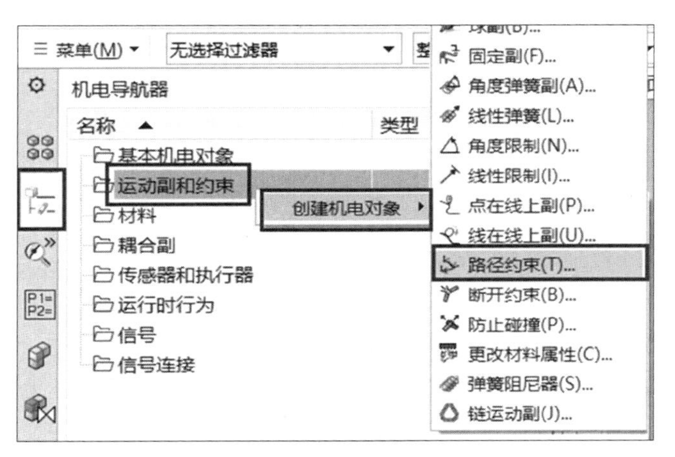

图 4-48　调用“路径约束运动副”命令的方式二

方式三：在机电概念设计模块中，单击“菜单”→“插入”→“运动副”→“路径约束”，如图4-49所示。

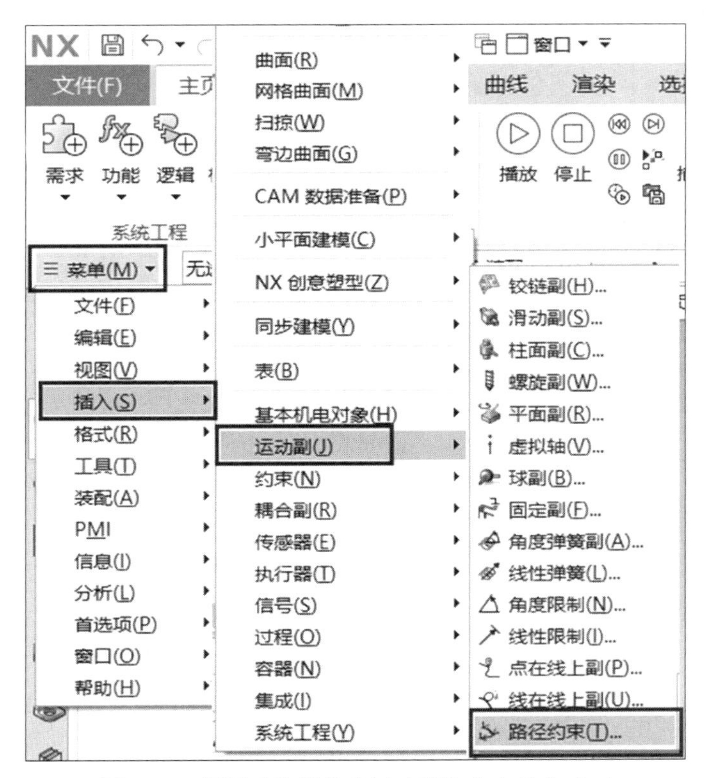

图 4-49　调用“路径约束运动副”命令的方式三

“路径约束”对话框打开后如图4-50所示，其参数含义如表4-5所示。

图 4-50 “路径约束”对话框

表 4-5 “路径约束”对话框中的参数含义

序号	参数名称	参数含义
①	选择连接件	选择要使用路径约束运动副进行约束的刚体
②	路径类型	创建路径的类型分为“基于坐标系”和“基于曲线”两种。 ① 基于坐标系：通过定义坐标系来创建路径。 ② 基于曲线：选择已有的相连曲线来创建路径
③	方位	① 添加新的坐标系以限制运动路径。 ②“曲线类型”可设置为直线或样条。 ③“添加新集” ⊕ 可添加新的坐标系来创建运动路径
④	列表	① 用于查看路径中已定义的所有坐标系位置的相关参数。 ② 可以在列表中修改每个坐标系位置参数，也可以进行重新排序或删除坐标系等编辑操作
⑤	指定零位置点	指定路径的起点位置
⑥	名称	设置路径约束的名称

5.4 任务实施

1. 模型建模

（1）创建零件的三维模型。

零件模型的尺寸如图4-51至图4-58所示。

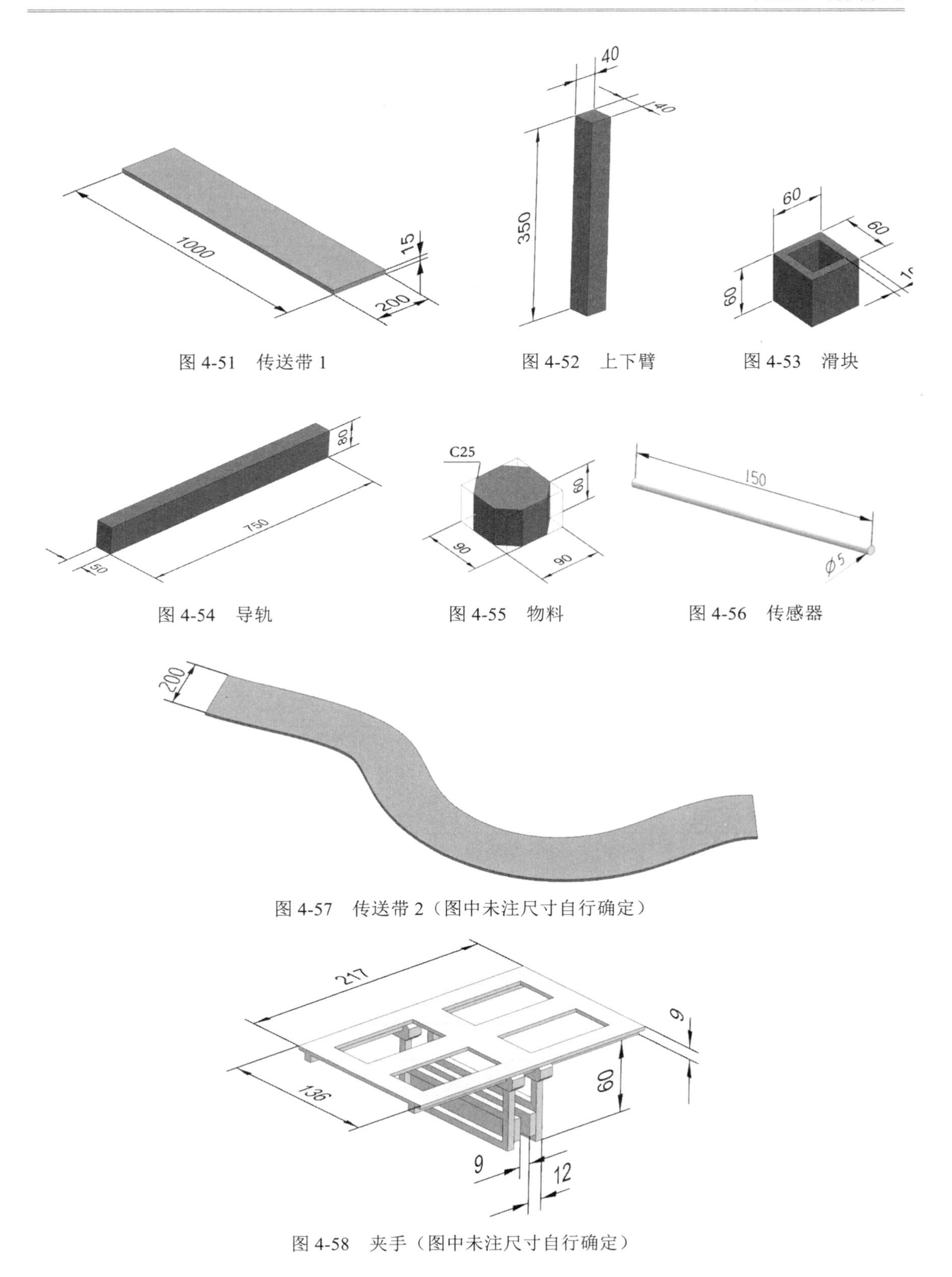

图 4-51　传送带 1

图 4-52　上下臂

图 4-53　滑块

图 4-54　导轨

图 4-55　物料

图 4-56　传感器

图 4-57　传送带 2（图中未注尺寸自行确定）

图 4-58　夹手（图中未注尺寸自行确定）

（2）创建装配模型。

按图4-45所示模型，完成模型装配，装配尺寸自行确定。

2. 运动仿真

<table>
<tr><td colspan="3">一、设置基本机电对象</td></tr>
<tr><td>名称</td><td>部件名称及参数</td><td>数量</td></tr>
<tr><td>刚体</td><td>部件名称：</td><td>共____个</td></tr>
<tr><td>碰撞体</td><td>① 部件名称：　　碰撞形状：
②</td><td>共____个</td></tr>
<tr><td>对象源</td><td>① 部件名称：　　触发方式：
其他参数：
②</td><td>共____个</td></tr>
<tr><td>对象收集器</td><td>部件名称：</td><td>共____个</td></tr>
<tr><td colspan="3">二、设置传输面</td></tr>
<tr><td>名称</td><td>部件名称及参数</td><td>数量</td></tr>
<tr><td>传输面</td><td>① 部件名称：　　运动类型：
矢量方向：　　速度：
②</td><td>共____个</td></tr>
<tr><td colspan="3">三、设置运动副</td></tr>
<tr><td>名称</td><td>参数</td><td>数量</td></tr>
<tr><td>滑动副</td><td>① 连接件：　　基本件：　　轴矢量：
②</td><td>共____个</td></tr>
<tr><td>铰链副</td><td>① 连接件：　　基本件：　　轴矢量：
②</td><td>共____个</td></tr>
<tr><td>固定副</td><td>① 连接件：　　基本件：
②</td><td>共____个</td></tr>
<tr><td>路径约束运动副</td><td>① 连接件：　　路径类型：
②</td><td>共____个</td></tr>
<tr><td colspan="3">四、设置耦合副</td></tr>
<tr><td>名称</td><td>参数</td><td>数量</td></tr>
<tr><td>齿轮</td><td>① 主对象和从对象：
主倍数和从倍数：
②</td><td>共____个</td></tr>
</table>

（续表）

五、设置执行器		
名称	参数	数量
位置控制	① 机电对象： 目标： 速度： ②	共____个
速度控制	① 机电对象： 轴类型： 速度： ②	共____个
六、设置传感器		
名称	参数	数量
距离传感器	① 对象： 指定点： 矢量： 开口角度： 范围： ②	共____个
碰撞传感器	① 部件名称： 碰撞形状： ②	共____个
七、仿真序列		
仿真序列步骤	→ → → → → →	

5.5 思考与练习

1. ____________运动副用来模拟零件和机器人沿特定路径的运动，可根据所需的方向和位置控制运动部件的空间运动。

2. 路径约束运动副的路径定义类型分为_______________和________________两种类型。

3. 基于坐标系路径的曲线类型分为__________和__________两种类型。

5.6 检查与评价

项目	序号	内容	评价标准
自我评价	1	正确定义刚体	□已掌握 □基本掌握 □没掌握
	2	正确定义碰撞体	□已掌握 □基本掌握 □没掌握
	3	正确定义对象源	□已掌握 □基本掌握 □没掌握
	4	正确定义对象收集器	□已掌握 □基本掌握 □没掌握
	5	正确定义传输面	□已掌握 □基本掌握 □没掌握
	6	正确定义滑动副	□已掌握 □基本掌握 □没掌握

（续表）

项目	序号	内容	评价标准
	7	正确定义铰链副	□已掌握 □基本掌握 □没掌握
	8	正确定义固定副	□已掌握 □基本掌握 □没掌握
	9	正确定义路径约束运动副	□已掌握 □基本掌握 □没掌握
	10	正确定义齿轮	□已掌握 □基本掌握 □没掌握
	11	正确定义位置控制	□已掌握 □基本掌握 □没掌握
	12	正确定义速度控制	□已掌握 □基本掌握 □没掌握
	13	正确定义碰撞传感器	□已掌握 □基本掌握 □没掌握
	14	正确定义距离传感器	□已掌握 □基本掌握 □没掌握
	15	掌握定义仿真序列的方法，并正确定义仿真序列	□已掌握 □基本掌握 □没掌握
教师评价	1	正确设置刚体、碰撞体、对象源、对象收集器的参数	□优 □良 □中 □及格 □不及格
	2	正确设置传输面、滑动副、铰链副、固定副、路径约束运动副的参数	□优 □良 □中 □及格 □不及格
	3	正确设置齿轮的参数	□优 □良 □中 □及格 □不及格
	4	正确设置位置控制、速度控制的参数	□优 □良 □中 □及格 □不及格
	5	正确设置碰撞传感器、距离传感器的参数	□优 □良 □中 □及格 □不及格
	6	正确定义仿真序列及参数	□优 □良 □中 □及格 □不及格
	7	仿真结果	□优 □良 □中 □及格 □不及格
成绩评定		□优 □良 □中 □及格 □不及格	

项目五　反算机构驱动的机械臂搬运物料模型建模与运动仿真

知识目标

- ◆ 掌握反算机构驱动的定义方法。
- ◆ 掌握运行时参数的含义及定义方法。
- ◆ 掌握在机电导航器中将连续的机械臂运动仿真序列进行分组的方法。
- ◆ 掌握应用运行时参数创建机械臂运动仿真序列的方法。

1.1　任务描述

反算机构驱动的机械臂搬运物料模型如图5-1所示。

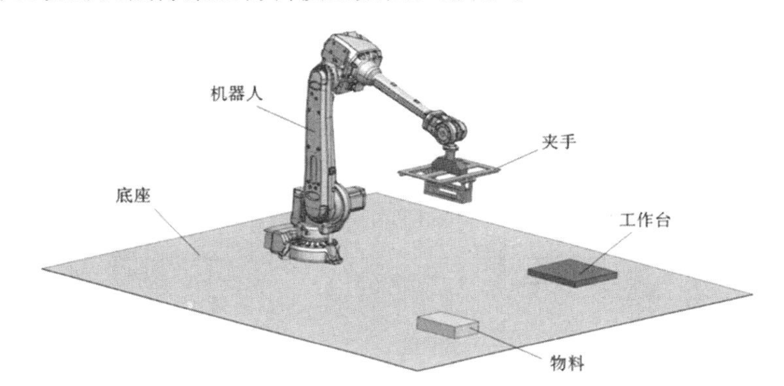

图 5-1　反算机构驱动的机械臂搬运物料模型

按图5-1中所示模型建模后，运用机电概念设计模块进行运动仿真。

动作流程描述：当物料出现时，机械臂夹手打开并抓取物料，将物料搬运并放置在工作台上后，机械臂开始复位，当机械臂复位到初始位置时，夹手复位；当下一物料出现，启动机械臂搬运时，工作台上的物料被收集，动作过程如图5-2所示。

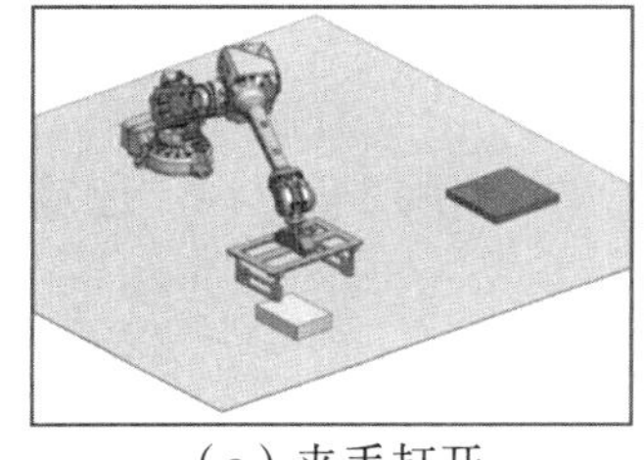

（a）夹手打开

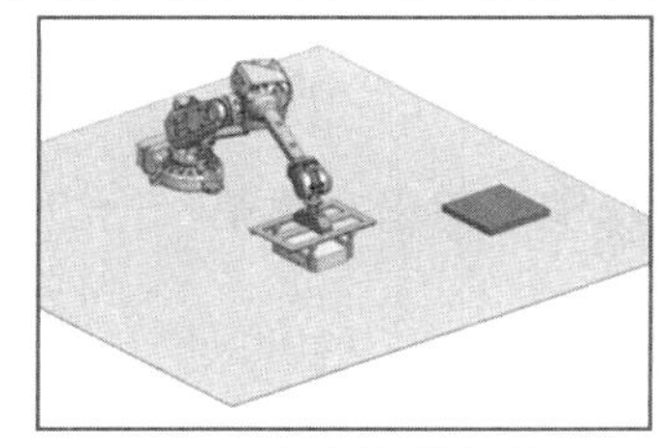

（b）夹手抓取物料

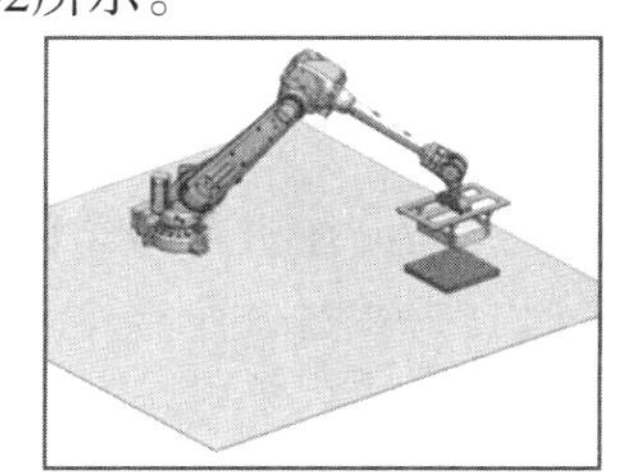

（c）放置物料

图 5-2　机械臂搬运物料的动作过程

1.2 相关知识

1. 执行器——反算机构驱动（Inverse Kinematics）

“反算机构驱动”命令只需定义刚体的初始参考点、方向和目标位置，然后使用目标位置作为驱动参数，即可自动创建位置控制和仿真序列，驱动刚体运动到指定的目标位置。

调用“反算机构驱动”命令的方式有三种。

方式一：在机电概念设计模块中，单击“主页”→“自动化”命令组的“位置控制”下拉箭头→“反算机构驱动”，如图5-3所示。

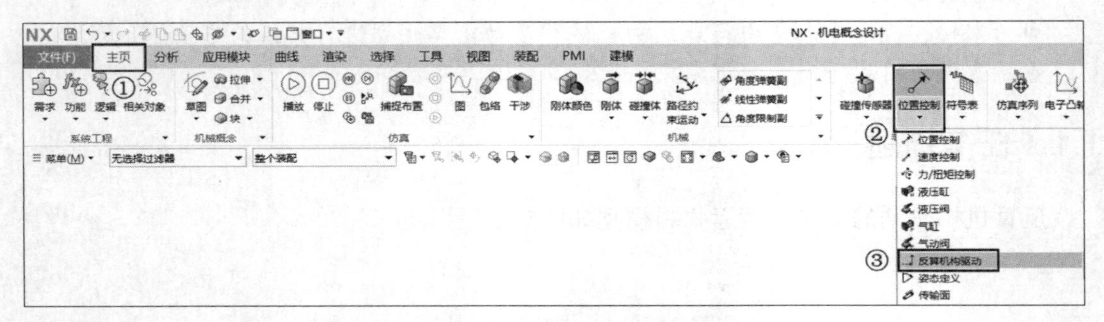

图 5-3　调用“反算机构驱动”命令的方式一

方式二：在资源工具条中，单击“机电导航器”→右击“传感器和执行器”→单击“创建机电对象”→“反算机构驱动”，如图5-4所示。

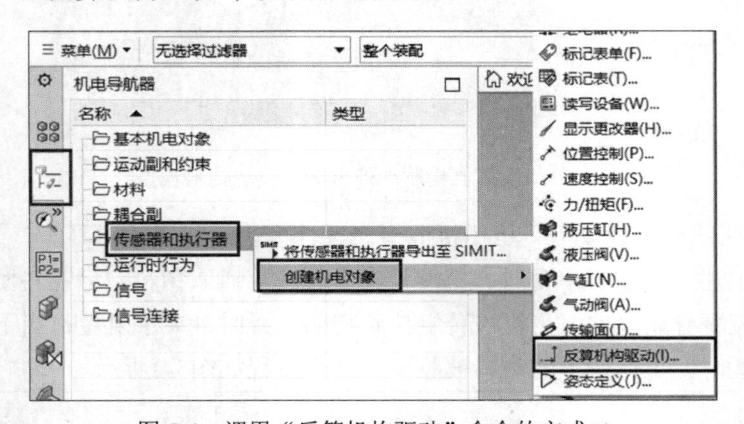

图 5-4　调用“反算机构驱动”命令的方式二

方式三：在机电概念设计模块中，单击“菜单”→“插入”→“执行器”→“反算机构驱动”，如图5-5所示。

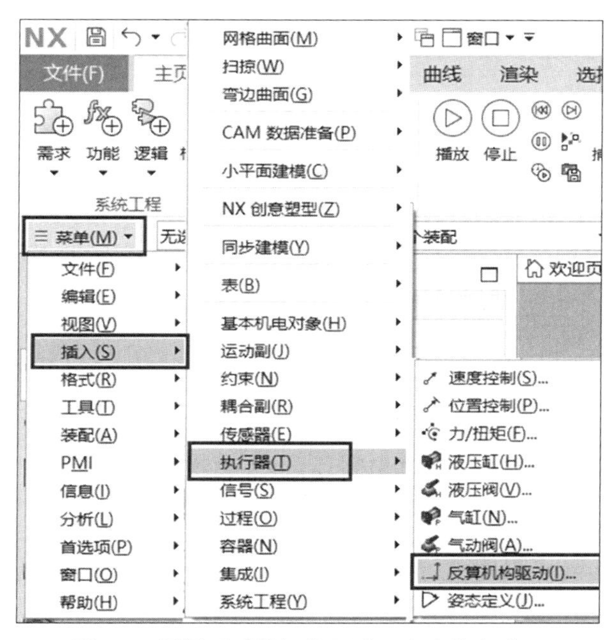

图 5-5　调用“反算机构驱动”命令的方式三

“反算机构驱动”对话框打开后如图5-6所示，其参数含义如表5-1所示。

图 5-6　“反算机构驱动”对话框

表 5-1 “反算机构驱动”对话框中的参数含义

序号	参数名称	参数含义
①	模式	用于选择如何导出运动。 ① 在线：忽略“序列编辑器”中的仿真序列，允许在仿真时将信号和运行时表达式连接到运行时参数，来驱动刚体运动到目标位置。 ② 脱机：使用“目标位置”组定义目标位置，自动创建位置控制，并在“序列编辑器”中自动添加仿真序列，以驱动刚体运动到目标位置
②	选择对象	选择要运动的刚体
③	起始位置	① 指定点：指定刚体的初始参考点。 ② 指定方位：指定刚体的初始参考方向
④	目标位置	仅用于脱机模式。 ① 指定方位：用于更改零件目标位置的位置和方向。 ② 添加新姿态：点击图标⊕后，可以将当前目标位置添加到姿态列表中。 ③ 列表：用于查看、删除和重新排序各姿态
⑤	设置	① 欧拉角：约定指定位置的欧拉角。 ② 避碰：即避免碰撞，仅用于脱机模式，设置刚体在运动到目标位置的过程中不与其他几何体发生碰撞。 ③ 生成轨迹生成器：基于生成的刚体运动创建跟踪轨迹
⑥	名称	设置反算机构驱动的名称

2. 运行时参数（Runtime Parameter）

“运行时参数”命令用于创建包含物理参数的、可重用的、功能型的高级别设计对象，在数字化模型中的任何物理对象都可以引用这些参数。

将运行时参数的组件添加到装配中，在装配层更改运行时参数中一个或多个参数的值时，会生成一个运行时参数重载对象，此时所修改的参数将影响对应的组件参数，但对其他的组件参数不会产生影响。

调用“运行时参数”命令的方式有三种。

方式一：在机电概念设计模块中，单击“主页”→“机械”命令组的更多选项箭头→“运行时参数”，如图5-7所示。

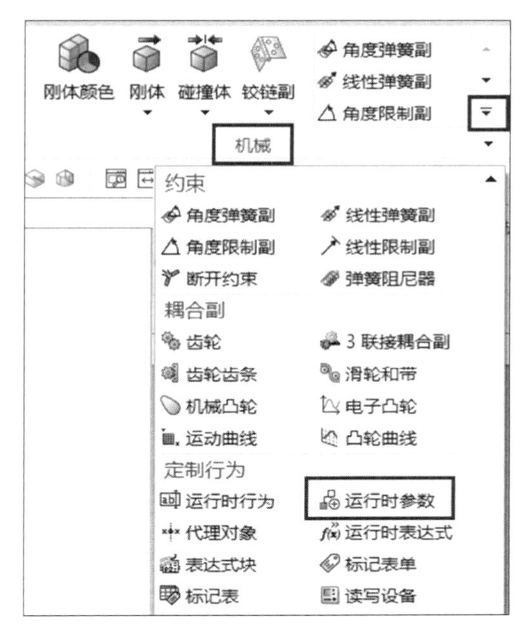

图 5-7　调用“运行时参数”命令的方式一

方式二：在资源工具条中，单击“机电导航器”→右击“信号”→单击“创建机电对象”→“运行时参数”，如图5-8所示。

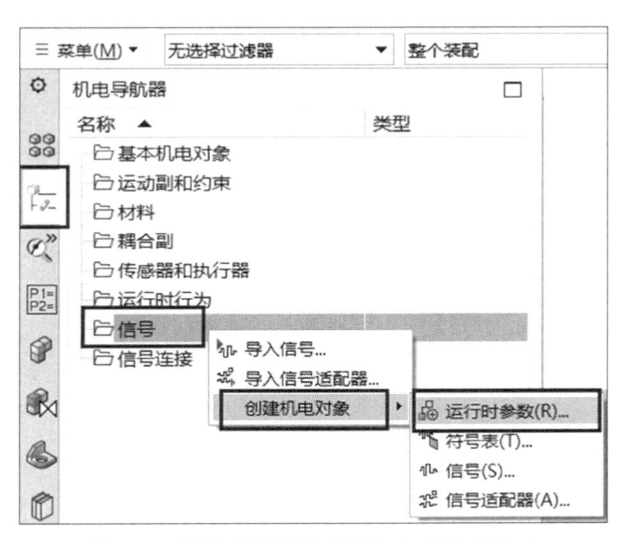

图 5-8　调用“运行时参数”命令的方式二

方式三：在机电概念设计模块中，单击“菜单”→“插入”→“信号”→“运行时参数”，如图5-9所示。

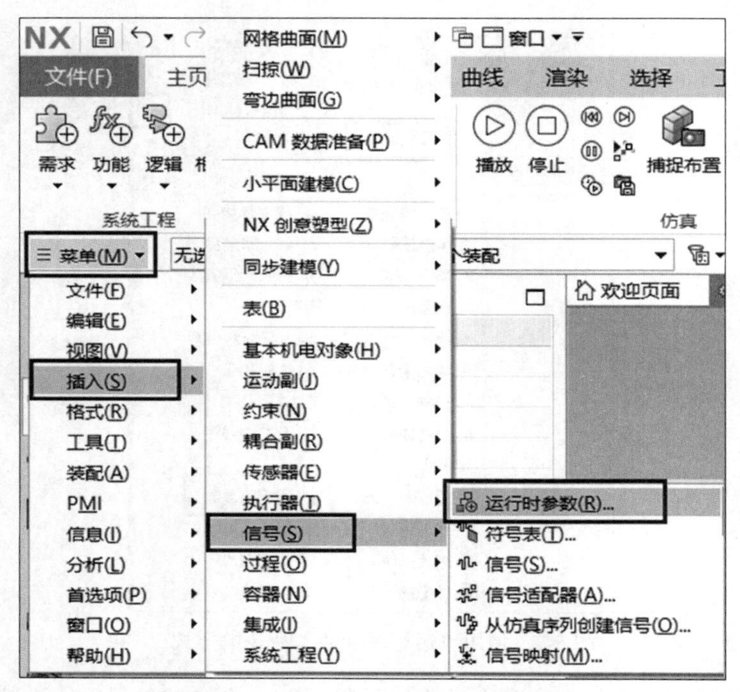

图 5-9　调用“运行时参数”命令的方式三

“运行时参数”对话框打开后如图5-10所示，其参数含义如表5-2所示。

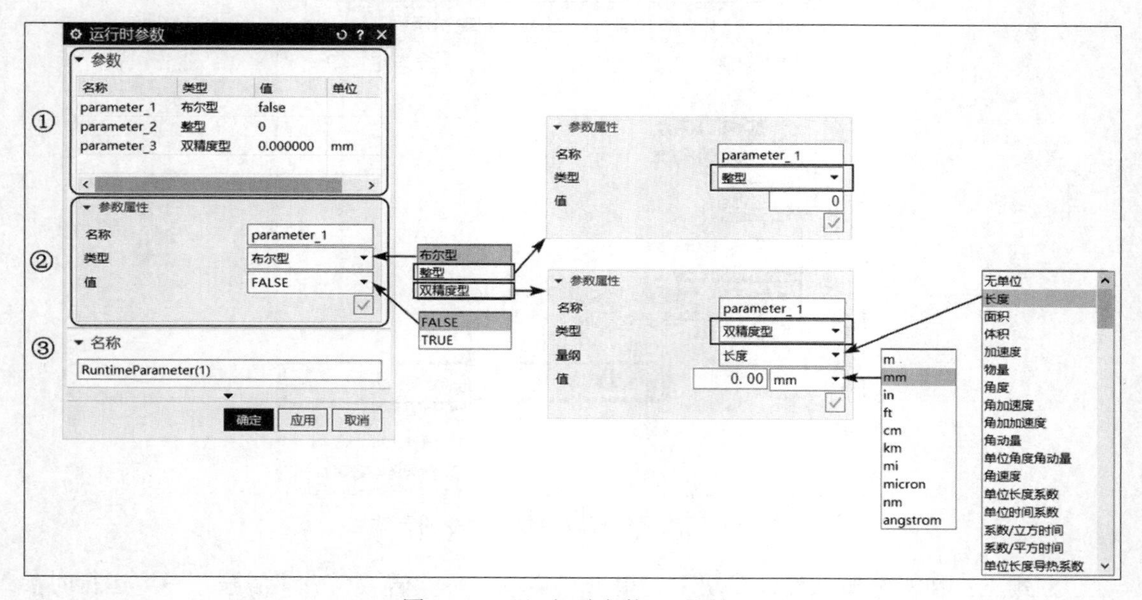

图 5-10　“运行时参数”对话框

表 5-2　“运行时参数”对话框中的参数含义

序号	参数名称	参数含义
①	参数	在列表中显示添加到运行时参数对象的所有参数
②	参数属性	① 名称：设置参数的名称。 ② 类型：可选择参数类型为布尔型、整型、双精度型。 ③ 值：用于设置或选择参数的值
③	名称	设置运行时参数的名称

1.3　任务实施

1. 模型建模

（1）创建零件的三维模型。

底座尺寸按4000mm×4000mm×5mm建模，其他零件模型的尺寸如图5-11至图5-13所示。

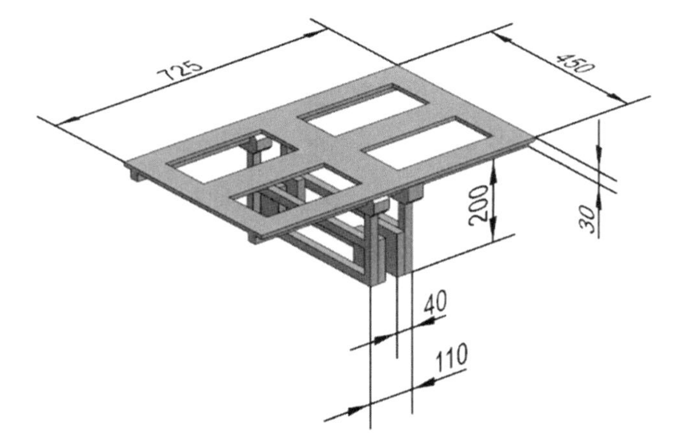

图 5-11　夹手（未注尺寸自行确定，结构可自行简化）

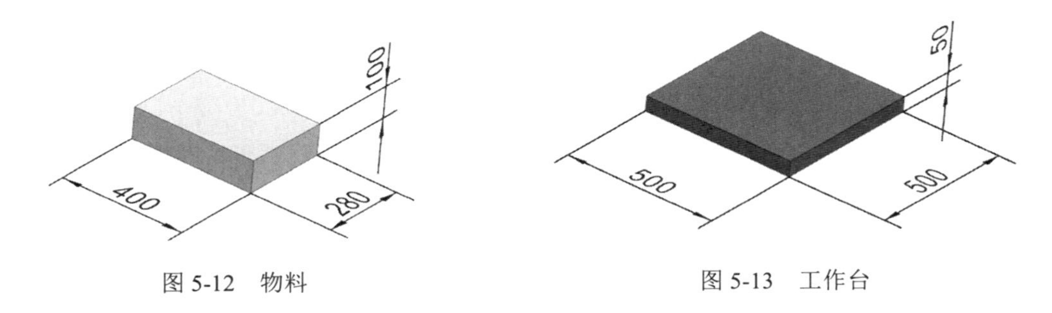

图 5-12　物料

图 5-13　工作台

（2）创建装配模型。

按图5-1所示的模型，完成模型装配，装配尺寸自行确定。

2. 步骤（部分）

（1）反算机构驱动。

通过“反算机构驱动”命令定义机器人的运动路径，“反算机构驱动”对话框及其参数设置如图5-14和表5-3所示。

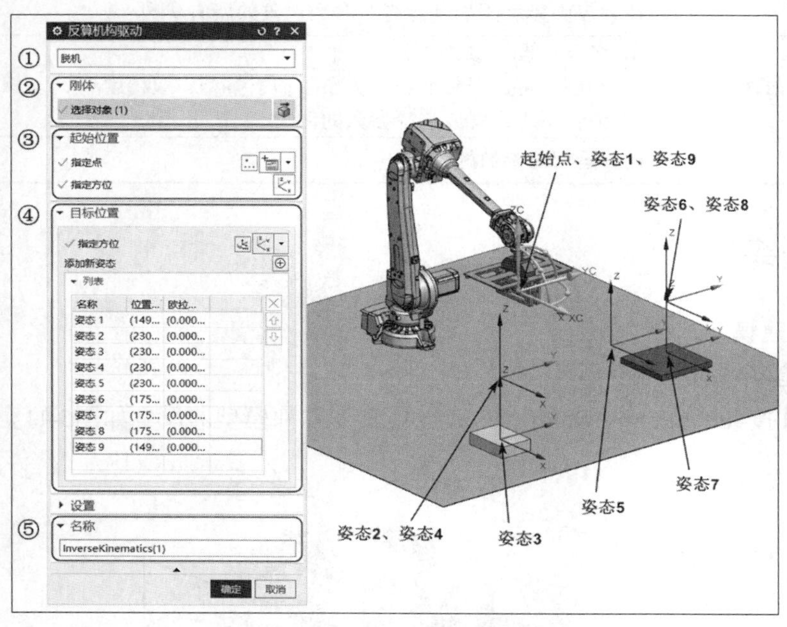

图 5-14　“反算机构驱动”对话框

表 5-3　“反算机构驱动”对话框中的参数设置

序号	参数名称	参数设置
①	模式	选择“脱机”模式
②	刚体	选择对象：选择刚体“夹手”
③	起始位置	选择起始点（夹手上两夹爪的中心位置）作为初始参考点，XC轴指向物料方向
④	目标位置	将坐标系移动到目标位置，单击“添加新姿态”，依次添加姿态1至姿态9的坐标位置来创建夹手的移动路径。 姿态1：同起始点。 姿态2：物料中心正上方位置。 姿态3：物料体中心位置。 姿态4：同姿态2（选中姿态2后单击“添加新姿态”即可复制姿态2，再将其下移至姿态4的位置）。 姿态5：物料与工作台之间过渡位置。 姿态6：工作台中心正上方位置。 姿态7：恰好将物料放置在工作台上的高度位置。 姿态8：同姿态6（选中姿态6后单击“添加新姿态”即可复制姿态6，再将其下移至姿态8的位置）。 姿态9：同姿态1（选中姿态1后单击“添加新姿态”即可复制姿态1，再将其下移至姿态9的位置）
⑤	名称	设置反算机构驱动的名称

（2）运行时参数。

通过“运行时参数”命令创建两个整型参数，用于在仿真序列中控制机器人运动的过程，创建步骤如下：

① 在“参数属性”组的“名称”框中输入属性参数的名称；

② 在“参数属性”组的“类型”列表中选择“整型”参数类型；

③ 将“参数属性”组的“值”设置为0；

④ 单击接受按钮☑后，将参数添加到“参数”列表中；

⑤ 重复以上步骤可添加多个参数到列表中。

“运行时参数”对话框中的参数设置如图5-15所示。

图 5-15　“运行时参数”对话框中的参数设置

（3）仿真序列。

第一步：通过“反算机构驱动”命令自动创建用于控制机器人运动的仿真序列，如图5-16所示。

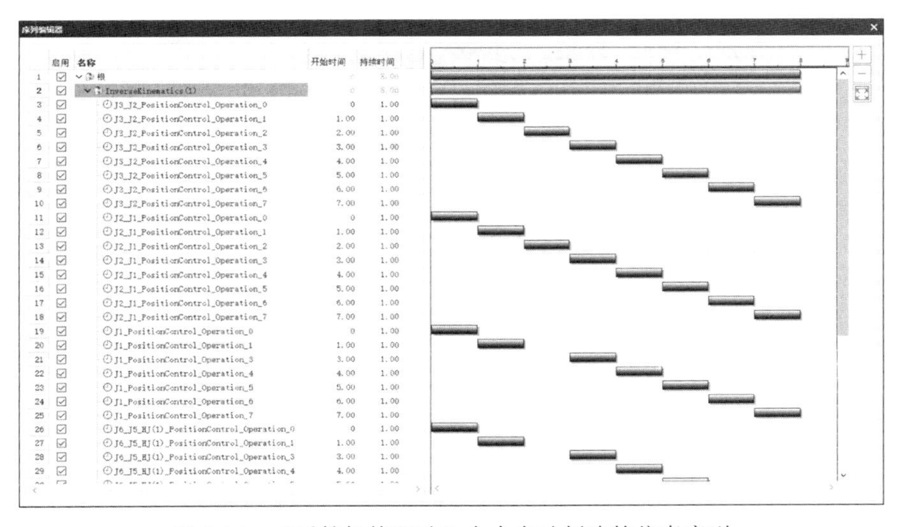

图 5-16　“反算机构驱动”命令自动创建的仿真序列

第二步：对自动创建的控制机器人运动的仿真序列进行分组。

首先，在序列编辑器中创建组，步骤如图5-17所示。

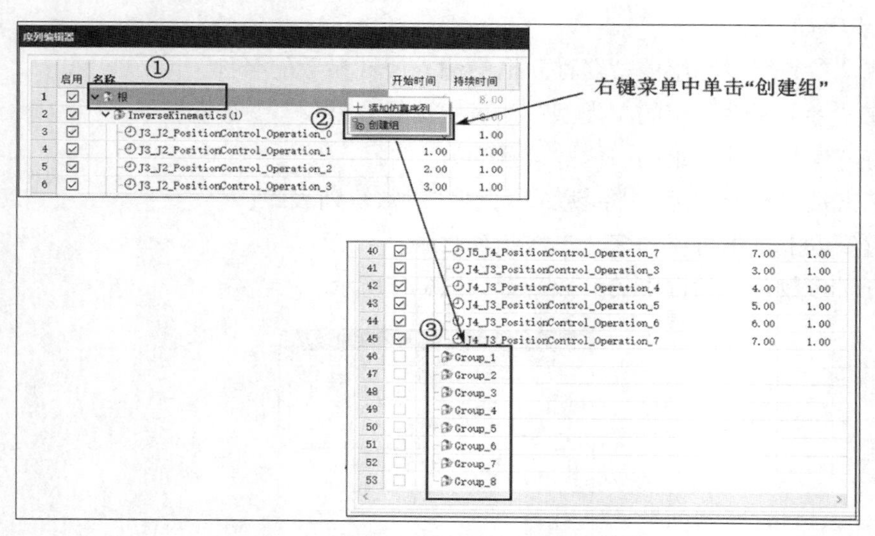

图 5-17　序列编辑器中创建组的步骤

然后，将序列编辑器中右侧示意图中的同一列仿真序列同时选中后，在右键菜单中选择“移到组”选项，弹出“移到组”对话框后，在对话框中选择创建的组即可将选中的仿真序列移动到创建的组中，操作步骤如图5-18所示。步骤同前，依次按顺序将每列仿真序列分别移动到各创建的组中，分组后的仿真序列如图5-19所示。

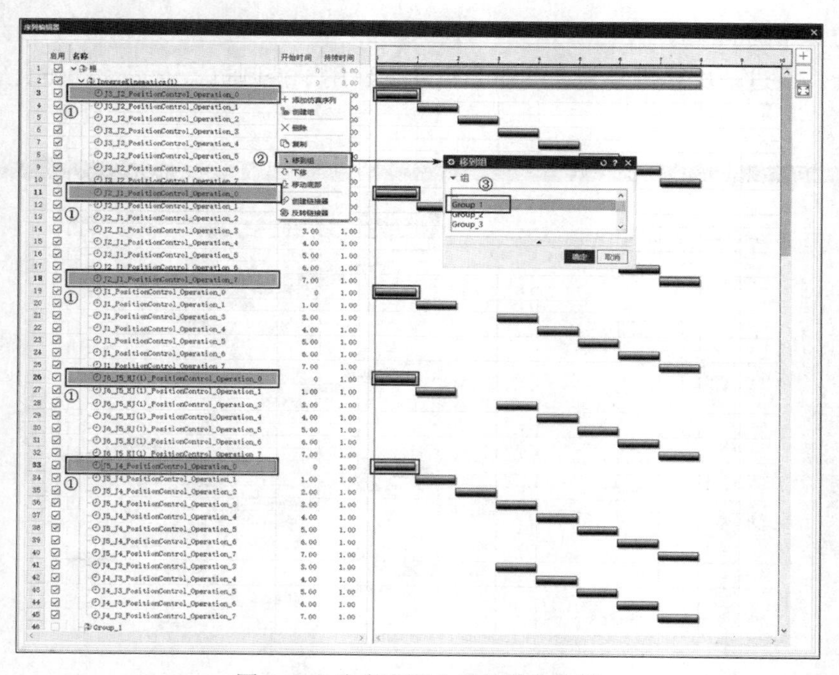

图 5-18　仿真序列分组的操作步骤

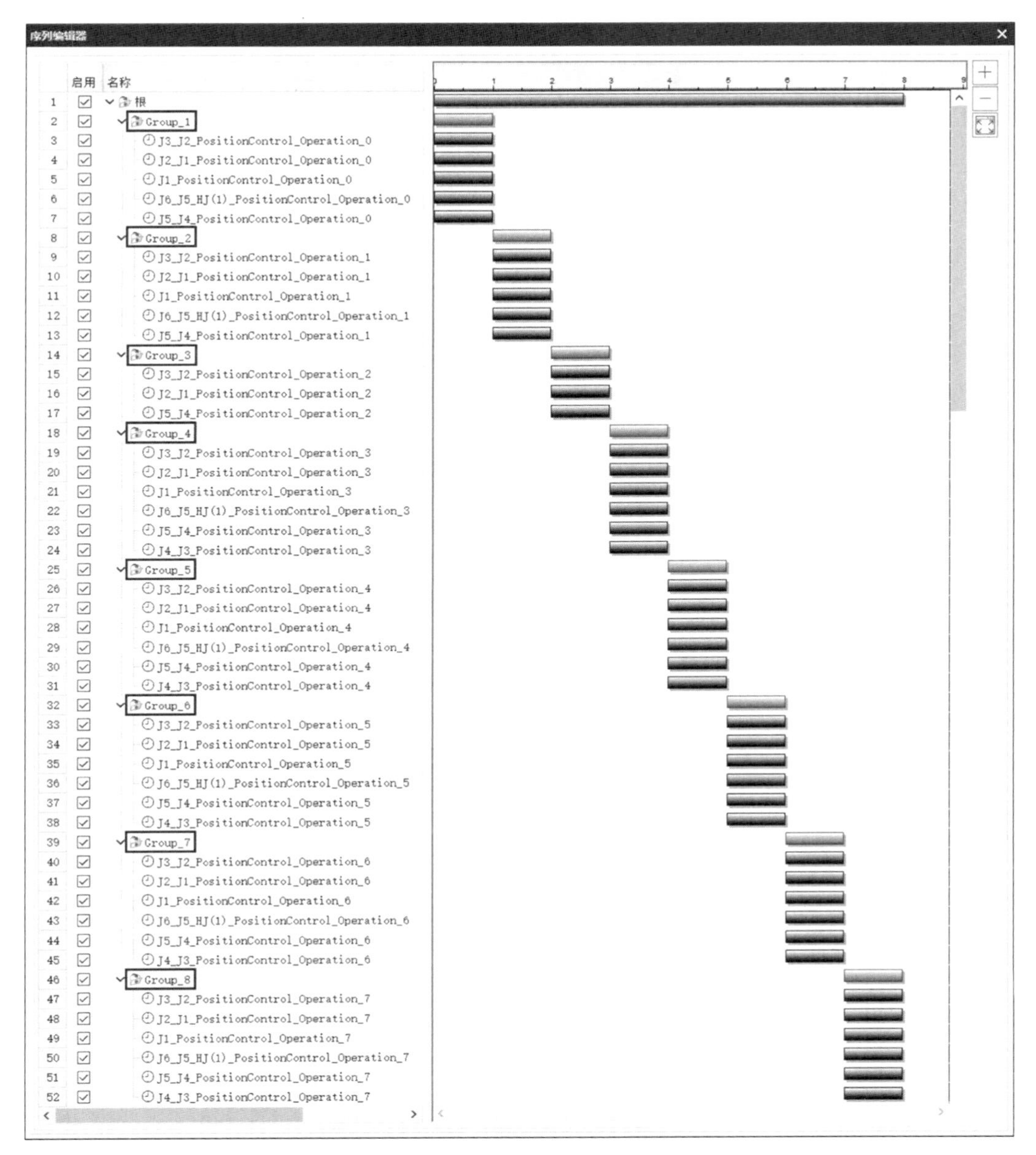

图 5-19　分组后的仿真序列

第三步：将分组后的仿真序列按动作重命名后，在每组动作的仿真序列中插入“控制信号”和“机器人反馈信号”，并创建其他动作的仿真序列，如图5-20所示。

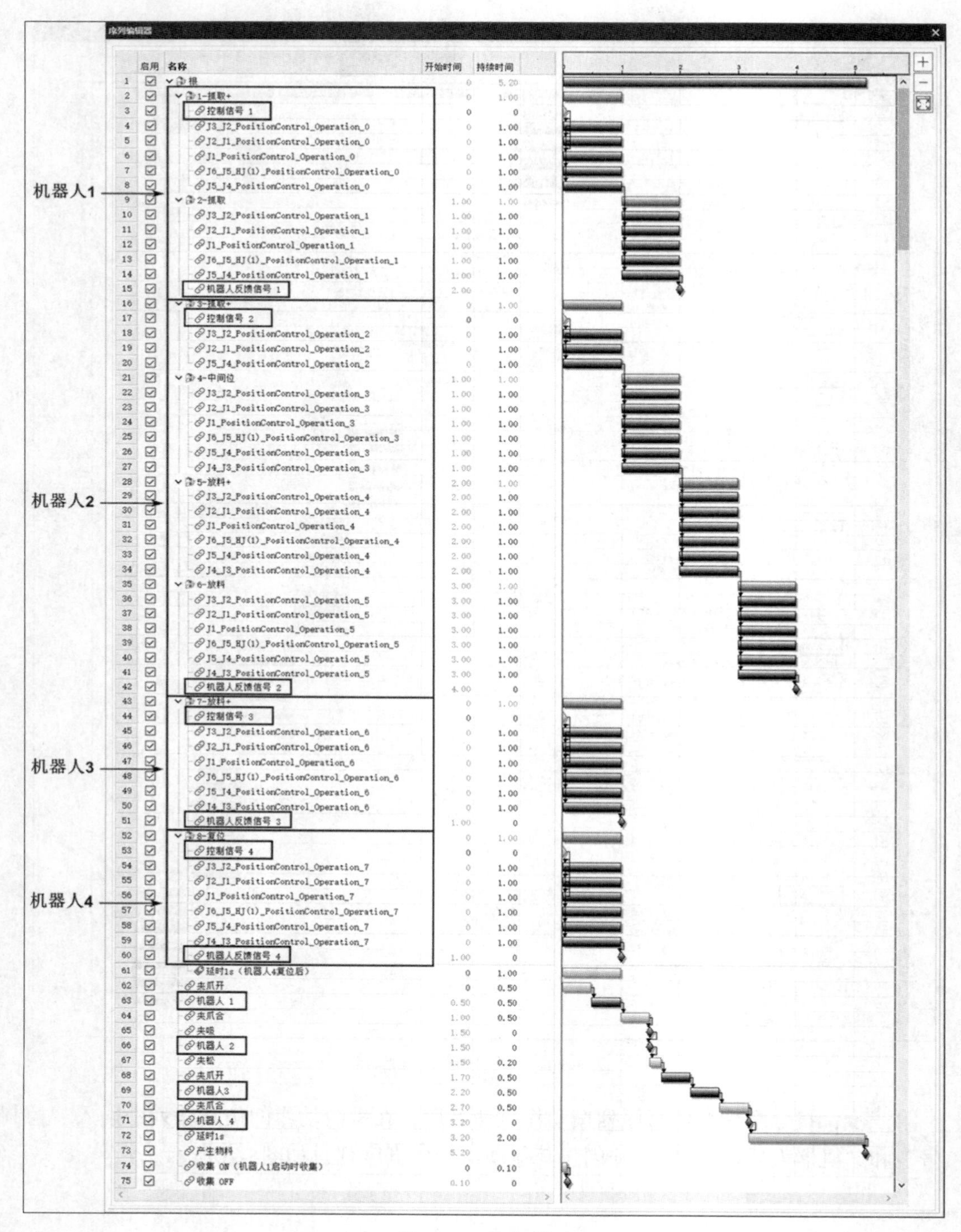

图 5-20　仿真序列

“控制信号”仿真序列的创建方法如图5-21所示，“机器人反馈信号”仿真序列的创建方法如图5-22所示。

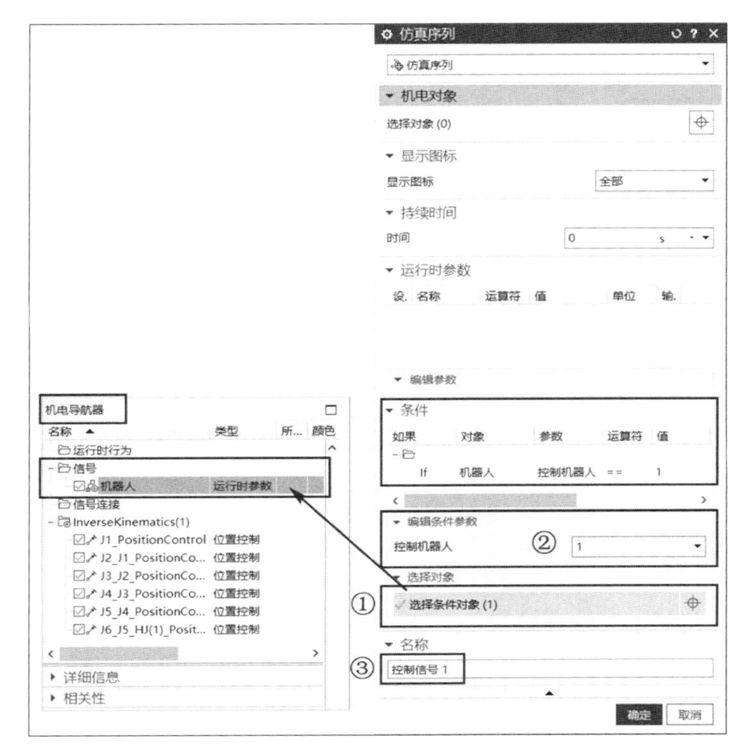

图 5-21　“控制信号”仿真序列的创建方法

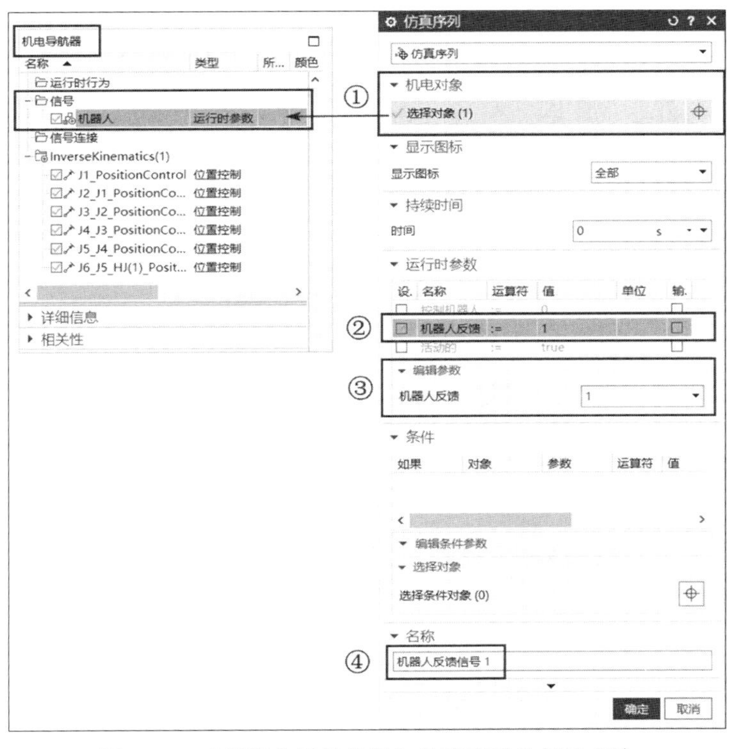

图 5-22　“机器人反馈信号”仿真序列的创建方法

在仿真序列中，调用机器人控制信号和机器人反馈信号的步骤如图5-23至图5-24所示。

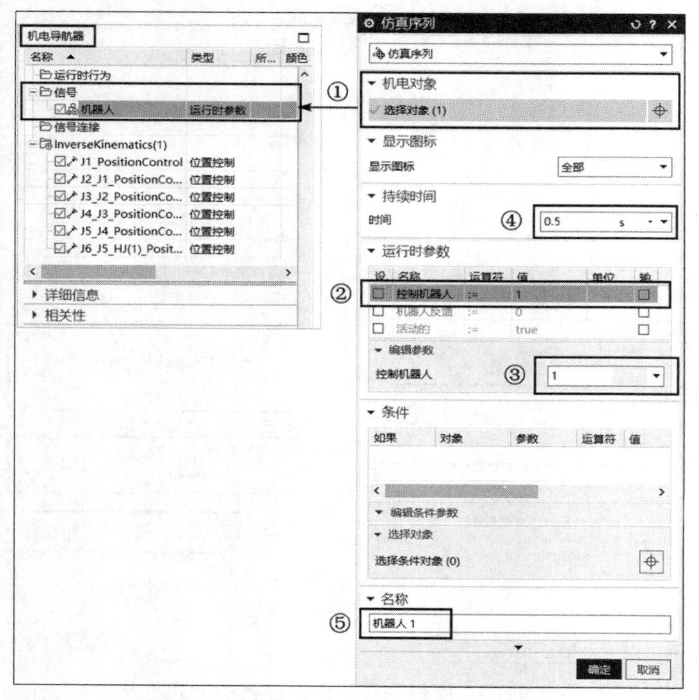

图 5-23　调用机器人控制信号的步骤

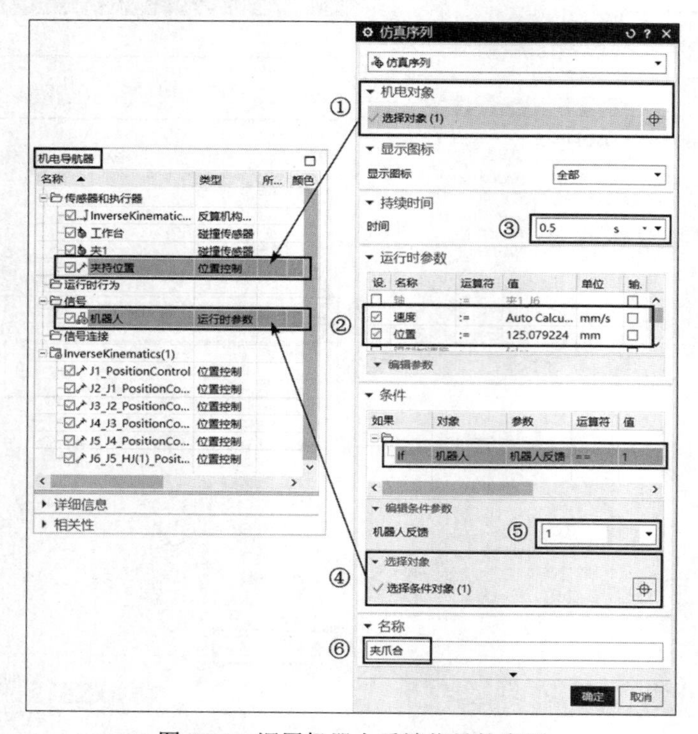

图 5-24　调用机器人反馈信号的步骤

3. 运动仿真

<table>
<tr><td colspan="3">一、设置基本机电对象</td></tr>
<tr><td>名称</td><td>部件名称及参数</td><td>数量</td></tr>
<tr><td>刚体</td><td>部件名称：</td><td>共____个</td></tr>
<tr><td>碰撞体</td><td>① 部件名称：　　碰撞形状：
②</td><td>共____个</td></tr>
<tr><td>对象源</td><td>① 部件名称：　　触发方式：
其他参数：
②</td><td>共____个</td></tr>
<tr><td>对象收集器</td><td>部件名称：</td><td>共____个</td></tr>
<tr><td colspan="3">二、设置运动副</td></tr>
<tr><td>名称</td><td>参数</td><td>数量</td></tr>
<tr><td>铰链副</td><td>① 连接件：　　基本件：　　轴矢量：
②</td><td>共____个</td></tr>
<tr><td>滑动副</td><td>① 连接件：　　基本件：　　轴矢量：
②</td><td>共____个</td></tr>
<tr><td>固定副</td><td>① 连接件：　　基本件：
②</td><td>共____个</td></tr>
<tr><td colspan="3">三、设置耦合副</td></tr>
<tr><td>名称</td><td>参数</td><td>数量</td></tr>
<tr><td>齿轮</td><td>① 主对象和从对象：
主倍数和从倍数：
②</td><td>共____个</td></tr>
<tr><td colspan="3">四、设置执行器</td></tr>
<tr><td>名称</td><td>参数</td><td>数量</td></tr>
<tr><td>位置控制
（手动定义）</td><td>① 机电对象：　　目标：　　速度：
②</td><td>共____个</td></tr>
<tr><td colspan="3">五、反算机构驱动</td></tr>
<tr><td>名称</td><td colspan="2">参数</td></tr>
<tr><td>反算机构驱动</td><td colspan="2">模式：　　刚体：　　姿态：　　个</td></tr>
</table>

（续表）

六、设置传感器		
名称	参数	数量
碰撞传感器	① 部件名称：　　　　碰撞形状： ②	共____个
七、运行时参数		
名称	参数	数量
机械臂运行时参数	① 名称：　　　类型：　　　值： ②	共____个
八、仿真序列		
仿真序列分组	共分 _____ 组，分别是： →　　→　　→ →　　→　　→	
仿真序列步骤	→　　→　　→ →　　→　　→	

1.4 思考与练习

1.“反算机构驱动”命令只需定义刚体的__________、__________和__________，然后使用目标位置作为驱动参数，自动创建___________和___________，驱动刚体运动到指定目标位置。

2.“运行时参数”命令用于创建包含物理参数的________、_________的高级别设计对象。

3.“运行时参数”对话框中可选择的参数类型有_______型、_______型、_______型。

1.5 检查与评价

项目	序号	内容	评价标准
自我评价	1	正确定义刚体	□已掌握　□基本掌握　□没掌握
	2	正确定义碰撞体	□已掌握　□基本掌握　□没掌握
	3	正确定义对象源	□已掌握　□基本掌握　□没掌握
	4	正确定义对象收集器	□已掌握　□基本掌握　□没掌握
	5	正确定义铰链副	□已掌握　□基本掌握　□没掌握
	6	正确定义滑动副	□已掌握　□基本掌握　□没掌握
	7	正确定义固定副	□已掌握　□基本掌握　□没掌握
	8	正确定义齿轮	□已掌握　□基本掌握　□没掌握

（续表）

项目	序号	内容	评价标准
	9	正确定义反算机构驱动	□已掌握 □基本掌握 □没掌握
	10	正确定义位置控制	□已掌握 □基本掌握 □没掌握
	11	正确定义碰撞传感器	□已掌握 □基本掌握 □没掌握
	12	正确定义仿真序列分组	□已掌握 □基本掌握 □没掌握
	13	掌握定义仿真序列的方法，并正确定义仿真序列	□已掌握 □基本掌握 □没掌握
教师评价	1	正确设置刚体、碰撞体、对象源、对象收集器的参数	□优 □良 □中 □及格 □不及格
	2	正确设置铰链副、滑动副、固定副、齿轮的参数	□优 □良 □中 □及格 □不及格
	3	正确设置反算机构驱动的参数	□优 □良 □中 □及格 □不及格
	4	正确设置位置控制的参数	□优 □良 □中 □及格 □不及格
	5	正确设置碰撞传感器的参数	□优 □良 □中 □及格 □不及格
	6	正确定义仿真序列分组	□优 □良 □中 □及格 □不及格
	7	正确定义仿真序列及参数	□优 □良 □中 □及格 □不及格
	8	仿真结果	□优 □良 □中 □及格 □不及格
成绩评定		□优 □良 □中 □及格 □不及格	

项目六　信号适配器

知识目标

◆　理解信号适配器的概念及各参数的含义。

◆　掌握定义信号适配器的方法，能运用信号适配器设置完成逻辑控制。

1.1　任务描述

简单机械臂搬运物料模型如图6-1所示。

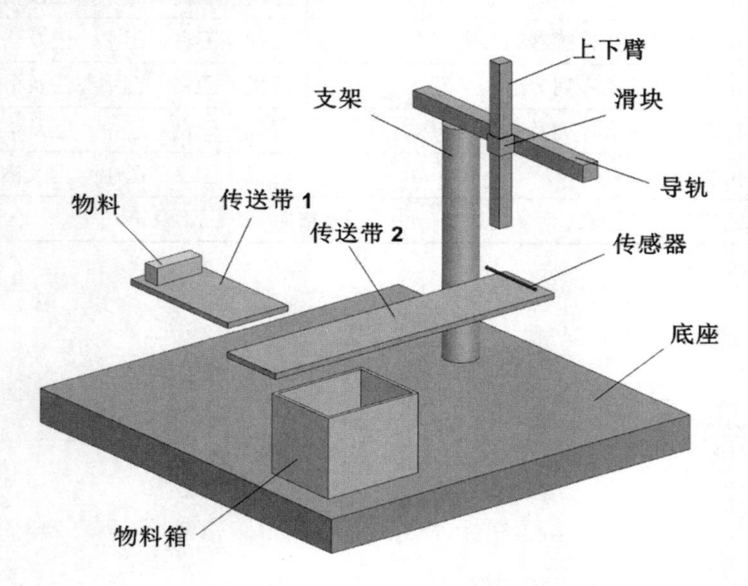

图 6-1　简单机械臂搬运物料模型

按图6-1中所示模型建模后，应用信号适配器设置运动副、执行器等参数来设定输入输出信号，然后在仿真序列中运用信号来实现运动过程控制。

动作流程描述：机构启动时，物料在传送带1、传送带2上传送，同时物料箱运动到传送带2的另一侧；当物料触碰到传感器时，上下臂下降吸取物料后上升回到初始高度，上下臂吸住物料移动到物料箱上方后松开物料，然后上下臂复位回到初始位置。当传感器检测到传送带上无物料时，下一物料出现。当物料箱中的物料计数达到3件时，物料箱复位回到初始位置，等物料被收集后再次运动到传送带2的另一侧等待收集下一组物料，动作过程如图6-2所示。

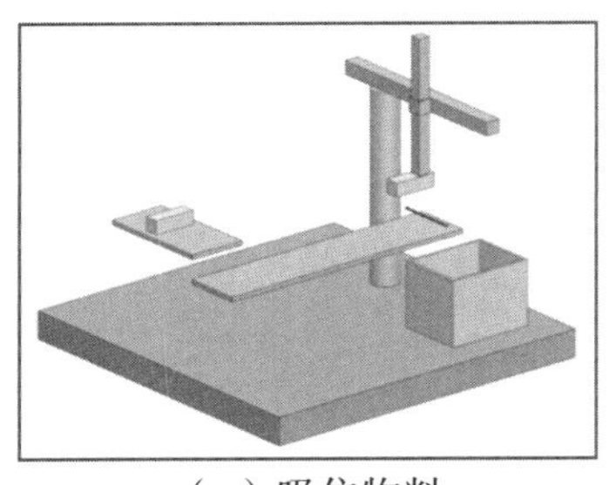
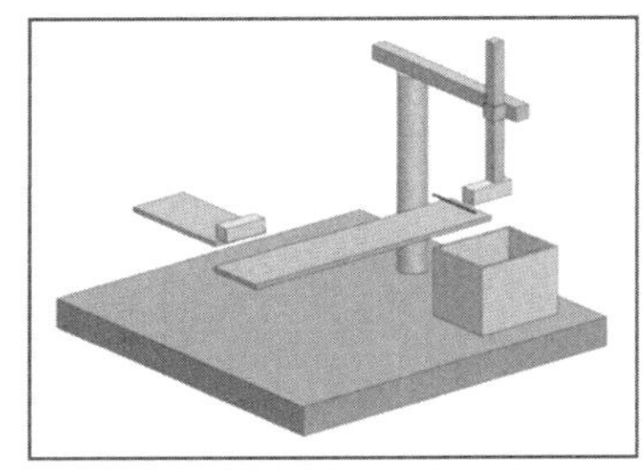
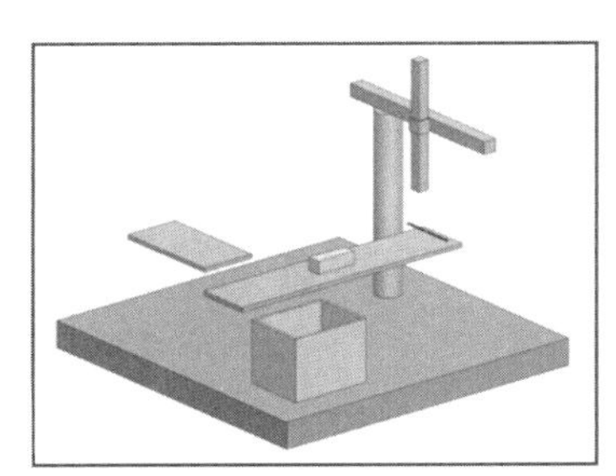

（a）吸住物料　　（b）搬运物料并计数　　（c）回起始位置收集物料

图 6-2　简单机械臂搬运物料动作过程

1.2　相关知识

信号适配器（Signal Adapter）

在机电概念设计模块中，信号用于与外部信息交互来实现对物理对象的运动控制，它分为输入与输出两种信号类型。其中，输入信号是外部设备输入到MCD模型的信号，输出信号则是MCD模型输出到外部设备的信号。

“信号适配器”命令用以创建信号和编写运行时公式，对机电对象进行行为控制。在一个信号适配器中可包含多个信号和运行时公式。

信号适配器可以看作一种生成信号的逻辑组织管理方式，由它提供的数据参与到运算过程中，获得计算结果后产生新的信号，把新信号通过输出连接传送给MCD模型或外部设备中。在创建信号对象后，使用该信号可以连接外部信号，如OPC服务器信号等，也可以在机电概念设计模块的“仿真序列”中使用该信号来实现仿真控制。

调用“信号适配器”命令的方式有三种。

方式一：在机电概念设计模块中，单击“主页”→“电气”命令组的“符号表”下拉箭头→“信号适配器”，如图6-3所示。

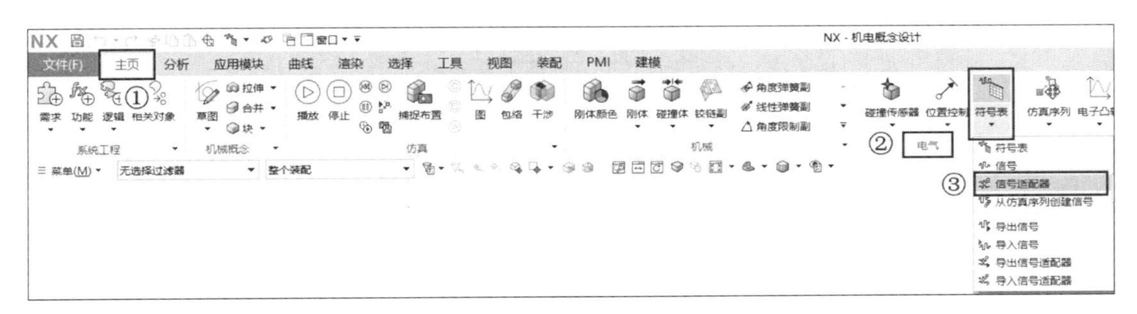

图 6-3　调用“信号适配器”命令的方式一

方式二：在资源工具条中，单击“机电导航器”→右击“信号”→单击“创建机电对象”→“信号适配器”，如图6-4所示。

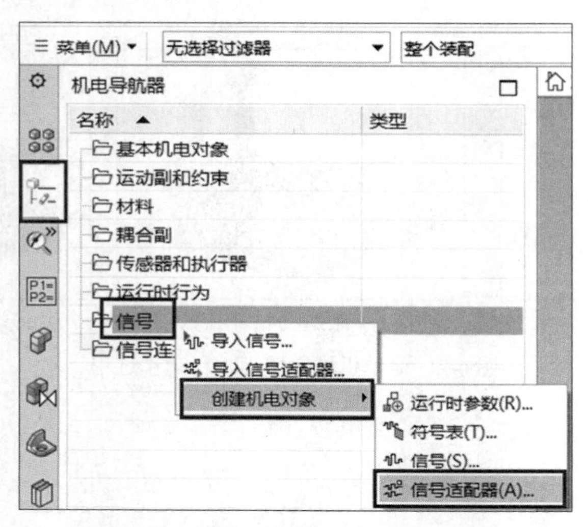

图 6-4　调用“信号适配器”命令的方式二

方式三：在机电概念设计模块中，单击“菜单”→“插入”→“信号”→“信号适配器”，如图6-5所示。

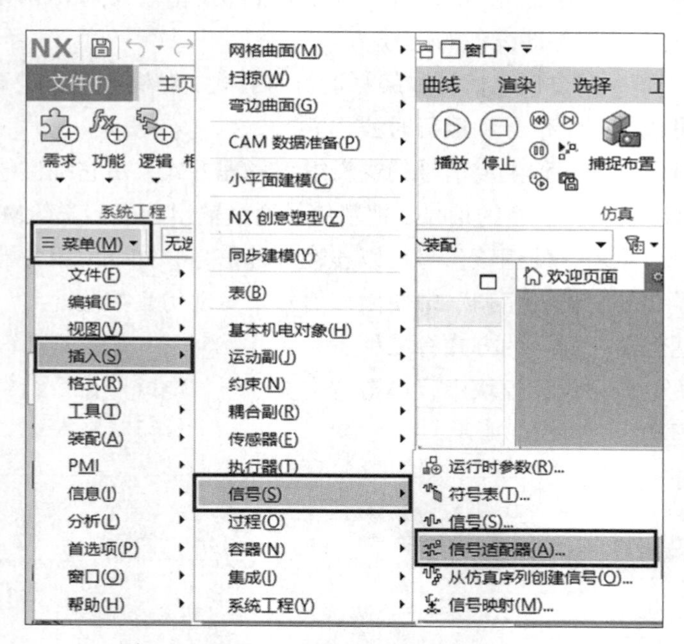

图 6-5　调用“信号适配器”命令的方式三

“信号适配器”对话框打开后如图6-6所示，其参数含义如表6-1所示。

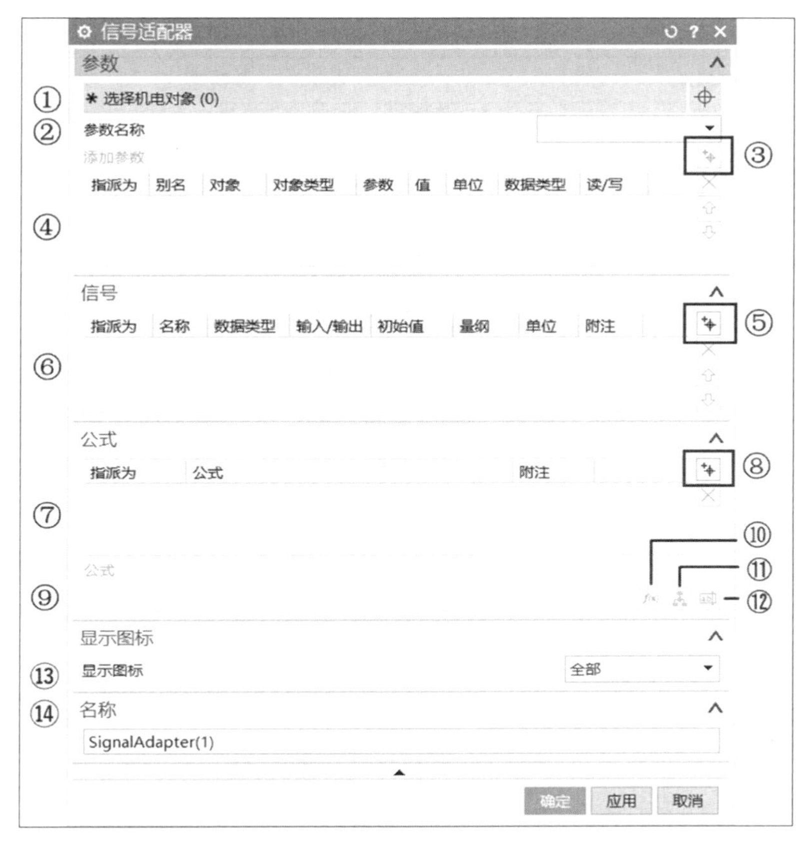

图 6-6　“信号适配器”对话框

表 6-1　“信号适配器”对话框中的参数含义

序号	参数名称		参数含义
①	参数	选择机电对象	选择包含要添加到信号适配器的参数的机电对象
②		参数名称	选定机电对象中的参数
③		添加参数	将“参数名称”列表中选定的参数添加到参数列表中
④		参数列表	显示添加的参数及其所有属性值，允许编辑更改参数别名和选择的参数，也可以进行删除、排序等编辑
⑤	信号	添加信号	将信号添加到信号列表中
⑥		信号列表	① 显示添加的信号及其所有属性值，并允许更改这些值。 ② 注意：由外部输入到MCD模型中的信号为输入信号，反之，MCD模型输出给外部的为输出信号
⑦	公式	公式列表	① 当选择信号列表中的信号或参数列表中的参数左边的复选框时，信号或参数将添加到此列表中，可以为信号或参数添加公式。 ② 注意：输出信号可以是一个或多个参数或信号的函数；输入信号只能用于公式中，不能指定公式。参数可以是一个或多个参数或信号的函数
⑧		添加公式	将“公式”框中显示的公式指定给选定的参数或信号。添加新公式，以便可以将公式用作另一个函数中的变量

（续表）

序号	参数名称		参数含义
⑨		“公式”框	选择、输入或编辑公式
⑩		插入函数	为所选参数或信号添加新函数
⑪		插入条件	为所选参数或信号添加新的条件语句
⑫		扩展文本输入	显示一个大文本框以输入复杂的公式
⑬	显示图标		过虑图形窗口，仅显示所选机电对象的图标
⑭	名称		设置信号适配器的名称

从“信号适配器”对话框中选择“插入条件”后，显示“条件构建器”对话框，如图6-7所示。通过该对话框，可以交互式地构建“if-Then-Else”或“if-Then-Else if-Then -Else”表达式，对话框右侧一组图标为逻辑运算符。

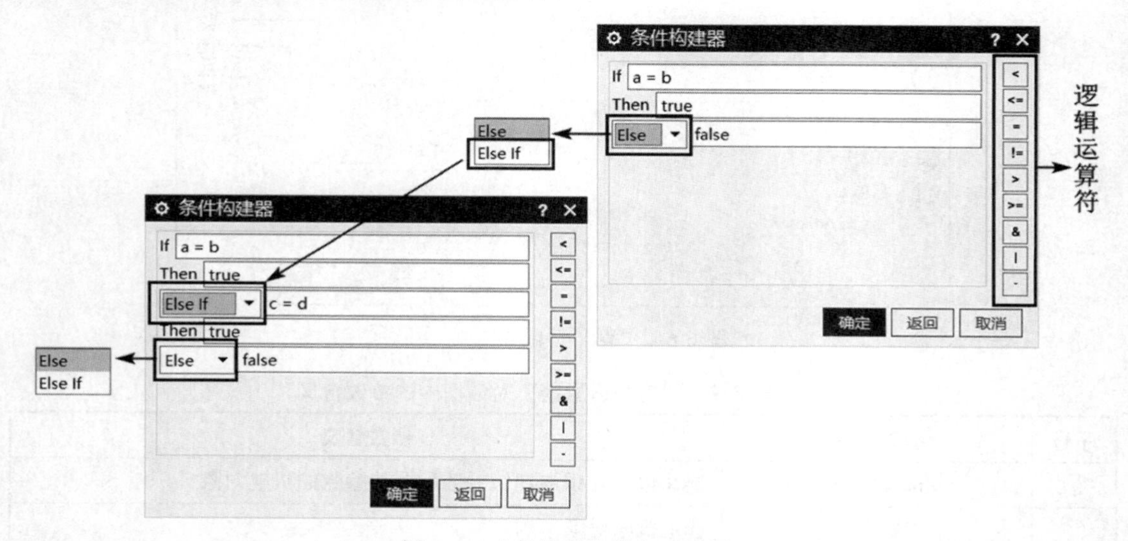

图 6-7 “条件构建器”对话框

创建信号适配器的操作步骤如下：

（1）在“信号适配器”对话框的“参数”选项组中，单击“选择机电对象”按钮。

（2）在图形窗口或机电导航器中，选择要添加到信号适配器的机电对象。

（3）从“参数名称”列表中，选择要添加到信号适配器的参数，然后单击“添加参数”按钮，将所选参数添加到参数列表中，并显示所有参数的属性。在参数列表中，可更改参数的别名和参数的属性值，单击对应的单元格即可更改。可单击按钮进行参数的删除和上、下移排序编辑。

（4）在“信号”选项组中，单击“添加”按钮，即可在信号列表中添加显示新增信号及其属性值，单击各属性对应的单元格即可更改属性值。可单击按钮进行信号的删除和上、下移排序编辑。

（5）勾选相应表中的参数或信号左边的复选框，选定的参数或信号将添加到公式列表中，可以为参数或信号添加公式。

（6）在“公式”选项组中，单击信号或参数，在下方的“公式”框中输入公式，编辑完公式后按“Enter”键。注意：只能使用通用NX表达式和函数。

示例：[信号或参数别名]*360/（2*pi）

（7）在“名称”框中，输入信号适配器的名称，然后单击“确定”。

1.3　任务实施

1. 模型建模

底座尺寸按3600mm×3600mm×300mm建模，其他零件尺寸如图6-8至图6-16所示。

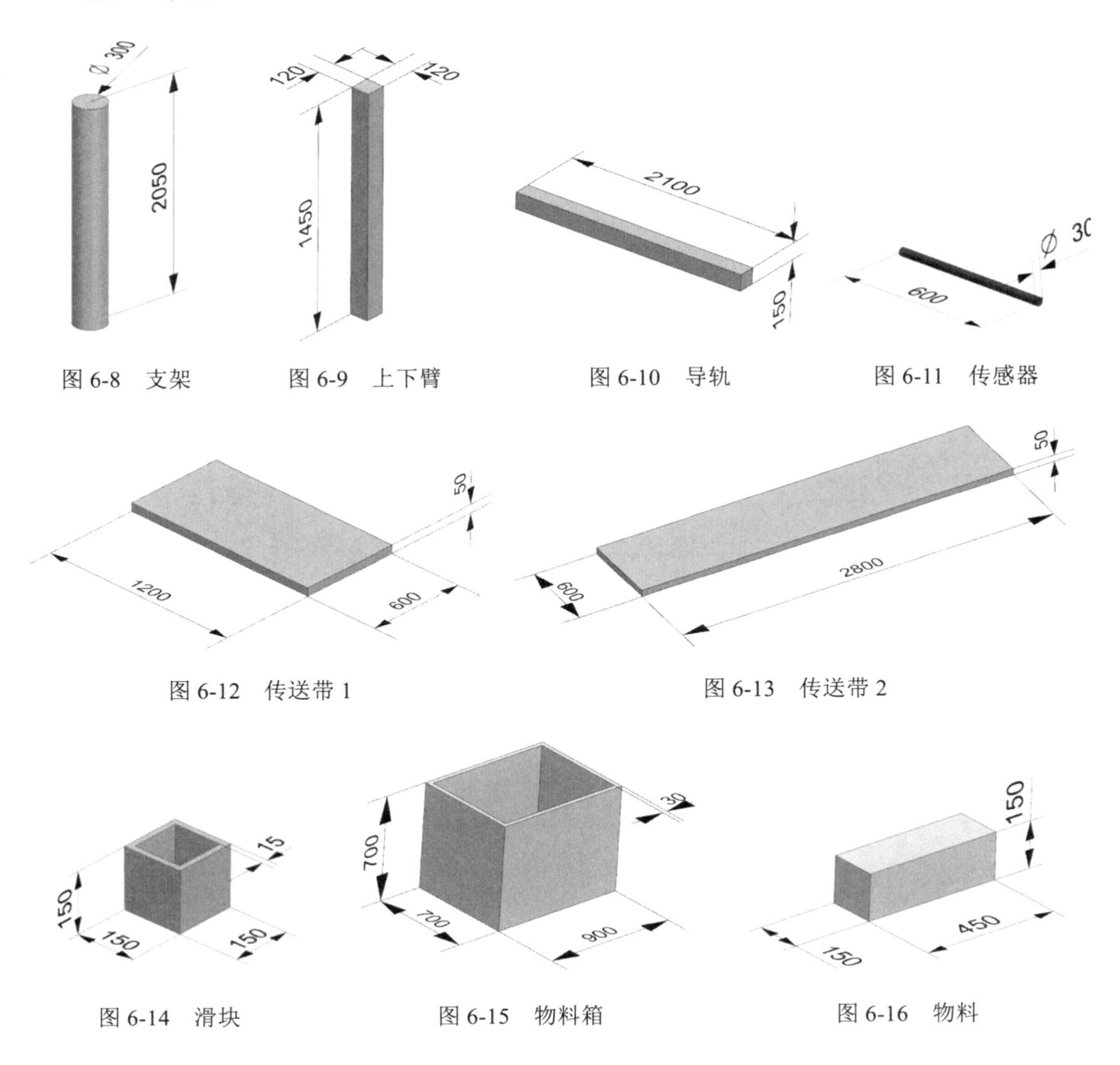

图 6-8　支架　　图 6-9　上下臂　　图 6-10　导轨　　图 6-11　传感器

图 6-12　传送带 1　　图 6-13　传送带 2

图 6-14　滑块　　图 6-15　物料箱　　图 6-16　物料

2．设置信号

（1）创建“控制信号”。

打开“信号适配器”对话框，添加两条传送带的平行速度参数，以及物料箱、上下臂、滑块的位置控制中的位置参数作为控制对象，然后分别创建四个布尔型输入信号，其中两条传送带共用一个输入信号。由于控制参数的数据类型为双精度型，与输入信号的布尔型数据类型不同，需指派信号转换公式，将布尔型输入信号转换成双精度型数值。

创建传送带、物料箱、上下臂和滑块的输入控制信号的操作过程，如图6-17所示。

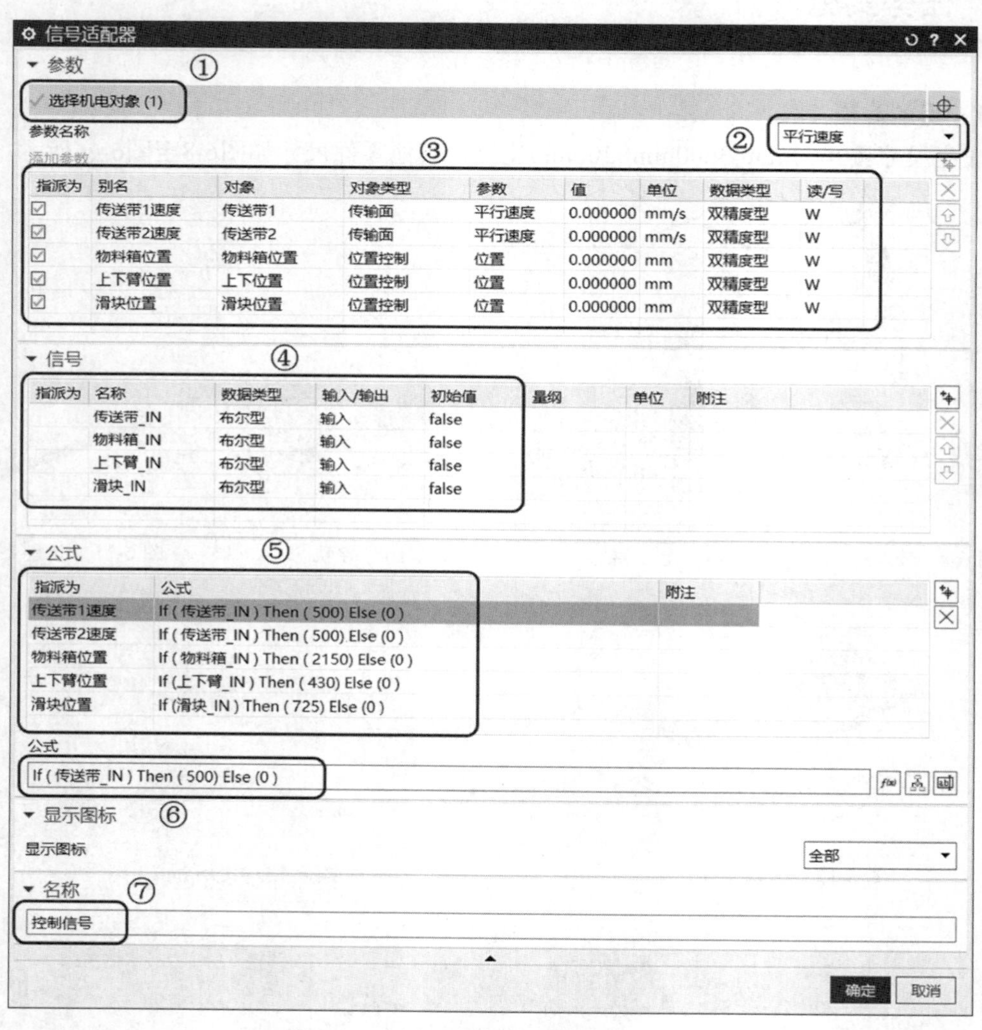

图 6-17　创建“控制信号”的操作过程

（2）创建“反馈信号”。

打开“信号适配器”对话框，添加检测碰撞传感器和物料箱、上下臂、滑块的滑动副中的位置参数作为控制对象，然后创建对应的输出信号。

创建输出信号时，碰撞传感器与输出信号的数据类型均为布尔型，可直接赋值无须指派信号转换公式；物料箱位置、上下臂位置和滑块位置的数据类型为双精度型，与输出信号的数据类型不相同，需指派信号转换公式，将双精度型数值转换成布尔型输出信号。对于物料箱、上下臂和滑块的位置，需要设置两个输出反馈信号，分别是初始（原位）位置和到位位置的反馈信号。

创建碰撞传感器、物料箱位置、上下臂位置、滑块位置的输出反馈信号的操作过程，如图6-18所示。

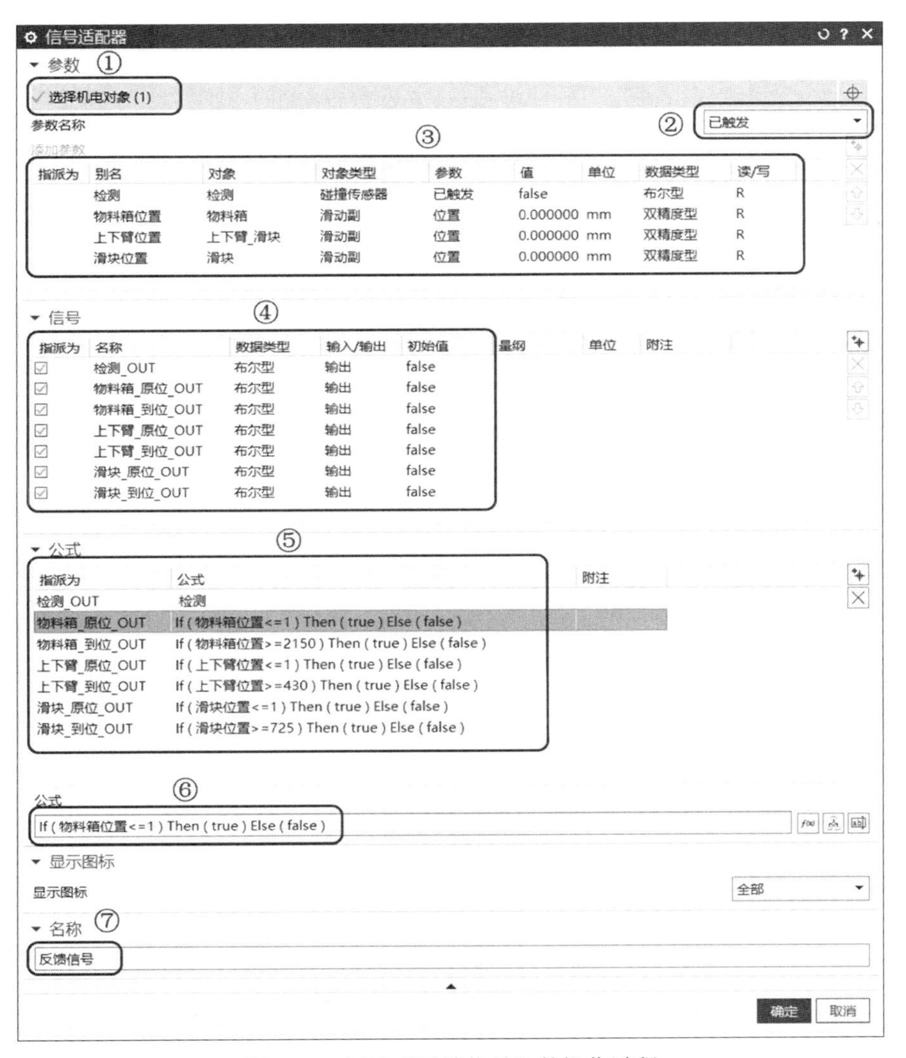

图 6-18 创建“反馈信号”的操作过程

（3）创建“计数”输出信号。

打开“运行时参数”对话框，创建用于计数的布尔型运行时参数，如图6-19所示。

图 6-19　创建“计数”运行时参数的操作过程

打开“信号适配器”对话框，添加“计数”运行时参数作为控制对象，创建用于计数的整型输出信号，由于运行时参数的数据类型为布尔型，与输出信号的数据类型不相同，需指派信号转换公式，将布尔型参数转换成整型输出信号，操作过程如图6-20所示。

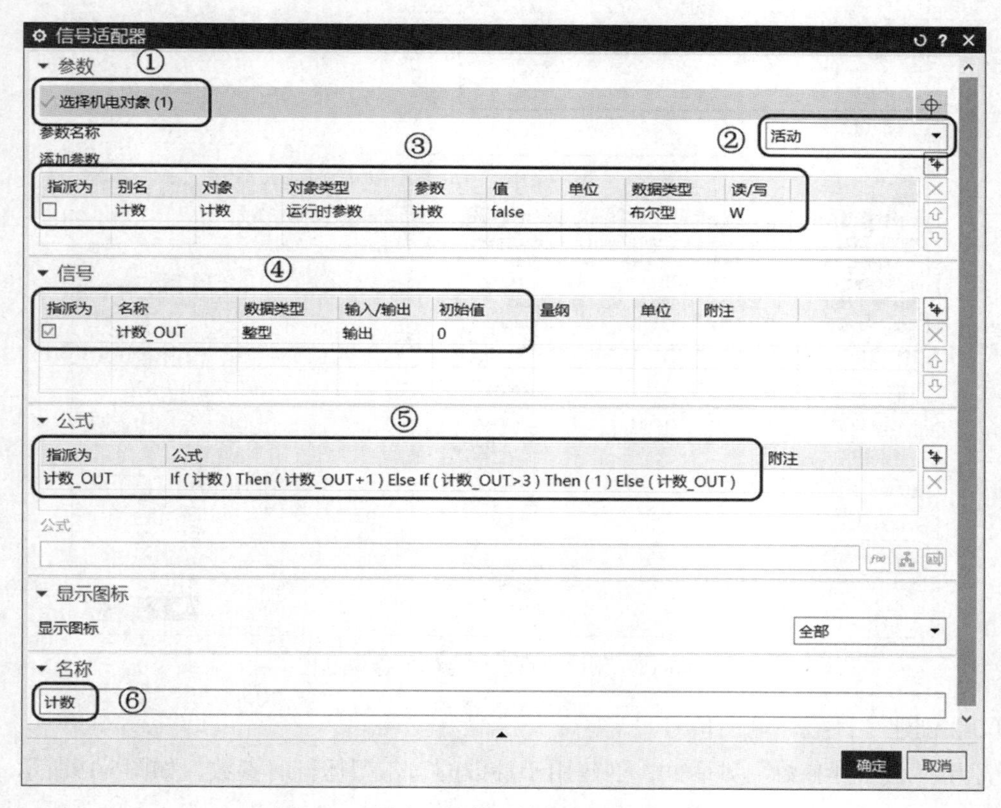

图 6-20　创建“计数”输出信号的操作过程

（4）创建“收集”输入信号。

打开“信号适配器”对话框，添加“对象收集器”作为控制对象，创建布尔型的输入信号，对象收集器与输入信号的数据类型均为布尔型，可直接赋值无须指派转换公式，操作过程如图6-21所示。

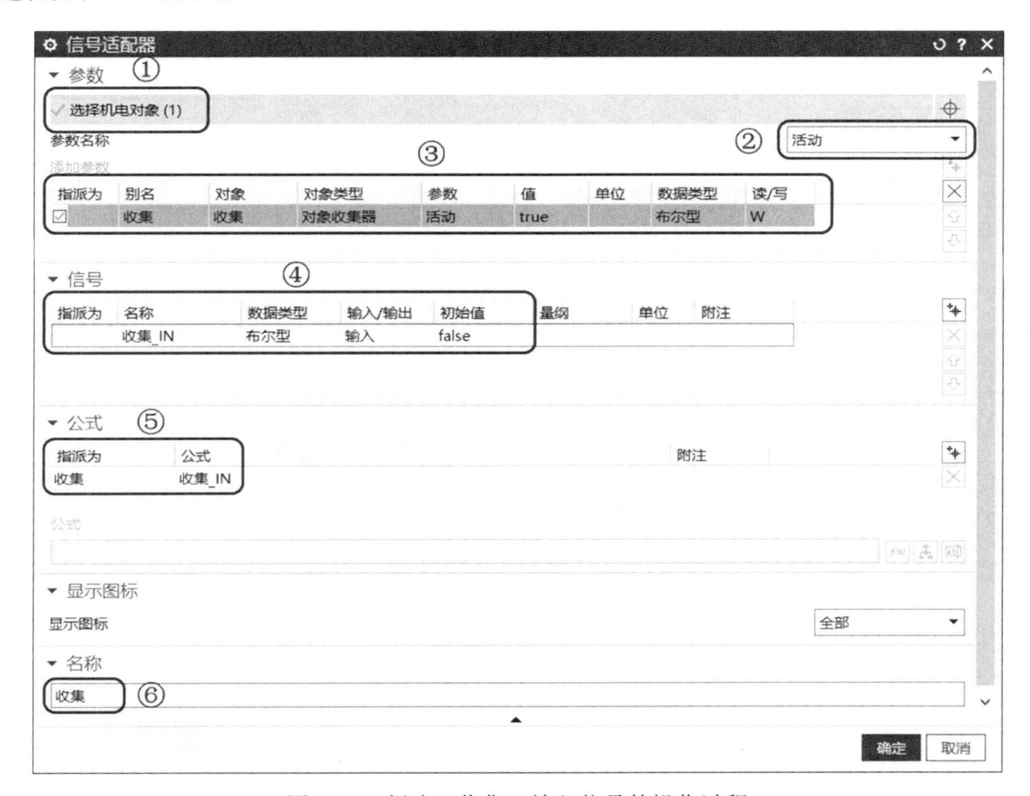

图6-21　创建“收集”输入信号的操作过程

3. 设置仿真序列

（1）新建仿真序列“启动传送带”，“选择对象”设置为“控制信号”；持续时间为“0s”；运行时参数选中“传送带_IN”，“值”选择“true”；“选择条件对象”设置为“反馈信号”，条件中的“参数”选择“检测_OUT”，“运算符”选择“==”，“值”选择“false”，即当传感器未检测到物料时，启动传送带1和传送带2；操作过程如图6-22所示。

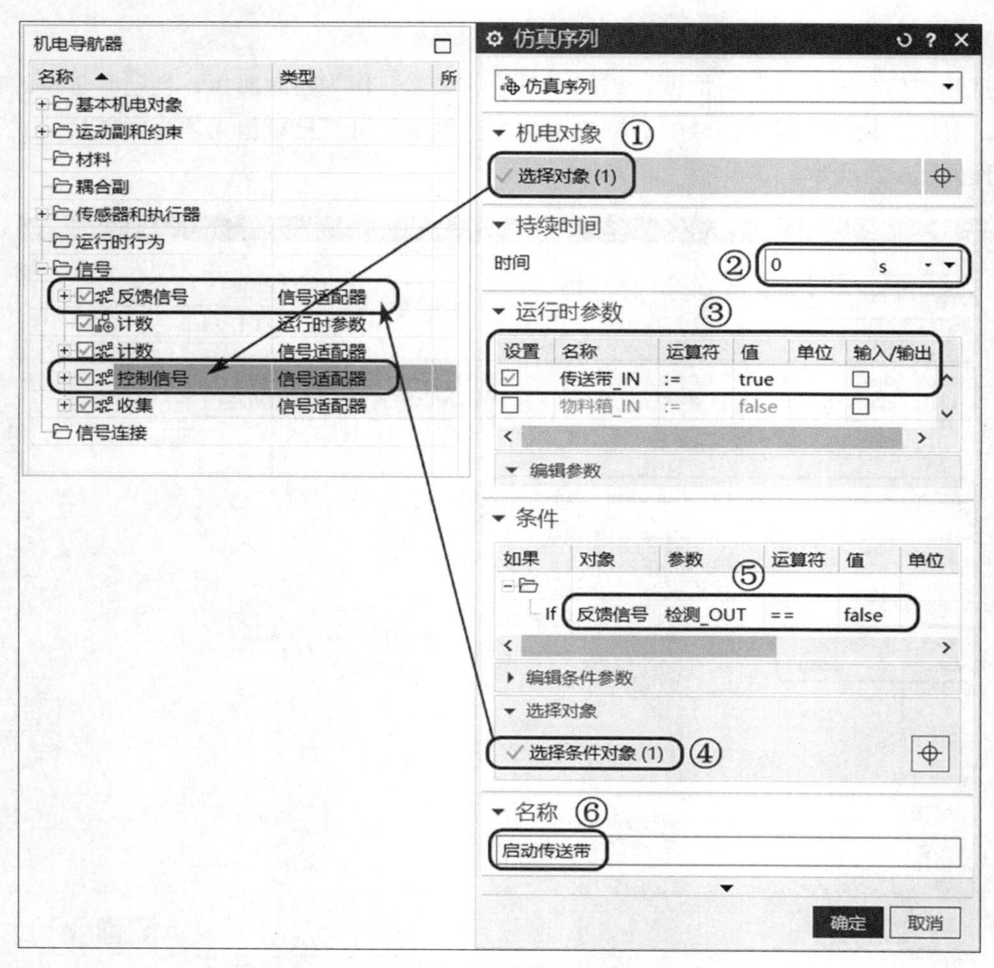

图 6-22　新建仿真序列“启动传送带”的操作过程

（2）新建仿真序列“停止传送带”，“选择对象”设置为“控制信号”；持续时间为“0s”；运行时参数选中“传送带_IN”，“值”选择“false”；“选择条件对象”设置为“反馈信号”，条件中的“参数”选择“检测_OUT”，“运算符”选择“==”，“值”选择“true”，即当传感器检测到物料时，停止传送带1和传送带2；操作过程如图6-23所示。

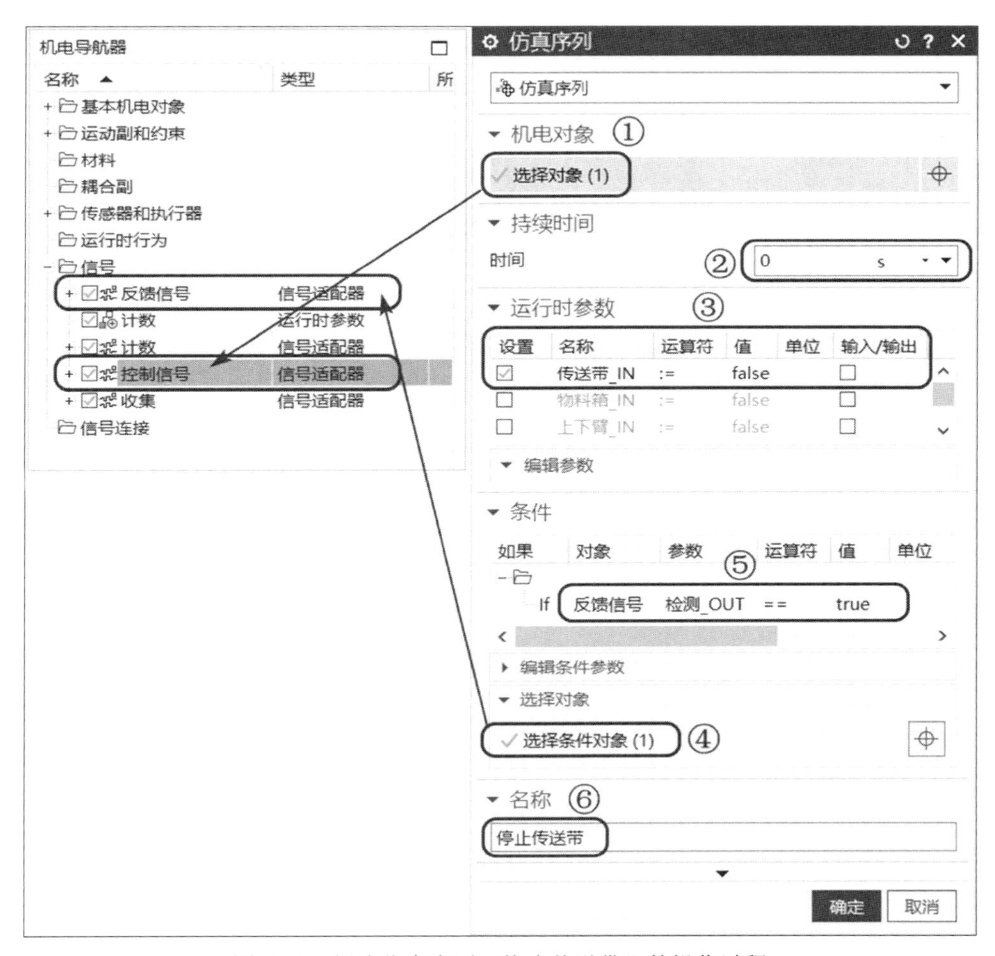

图 6-23　新建仿真序列“停止传送带”的操作过程

（3）新建仿真序列“启动物料箱”，“选择对象”设置为“控制信号”；持续时间为“0s”；运行时参数选中“物料箱_IN”，“值”选择“true”；“选择条件对象”设置为“反馈信号”，条件中的“参数”选择“物料箱_原位_OUT”，“运算符”选择“==”，“值”选择“true”，即当反馈信号为物料箱在原位时，“物料箱_IN”信号的“值”为“true”，启动物料箱到达收集物料的位置；操作过程如图6-24所示。

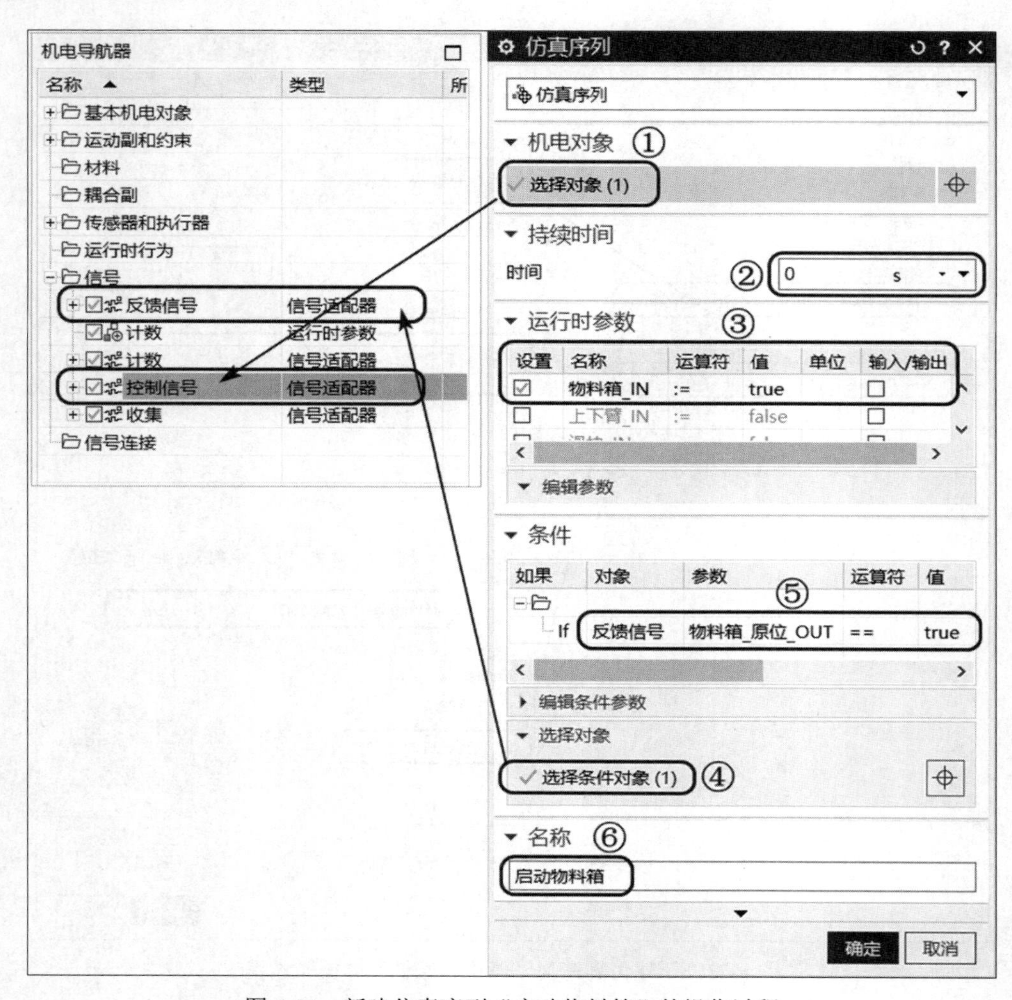

图 6-24　新建仿真序列“启动物料箱”的操作过程

（4）新建仿真序列“上下臂下降”，“选择对象”设置为“控制信号”；持续时间为“0s”；运行时参数选中“上下臂_IN”，“值”选择“true”；“选择条件对象”设置为“反馈信号”，条件中的“参数”选择“检测_OUT”“上下臂_原位_OUT”“滑块_原位_OUT”，“运算符”选择“==”，“值”选择“true”，即传感器检测到有物料，同时反馈信号为上下臂和滑块均在原位时，上下臂做下降动作到达物料位置。需要多个条件时，在条件列表中单击鼠标右键，在弹出的右键菜单中选择“添加组”即可；操作过程如图6-25所示。

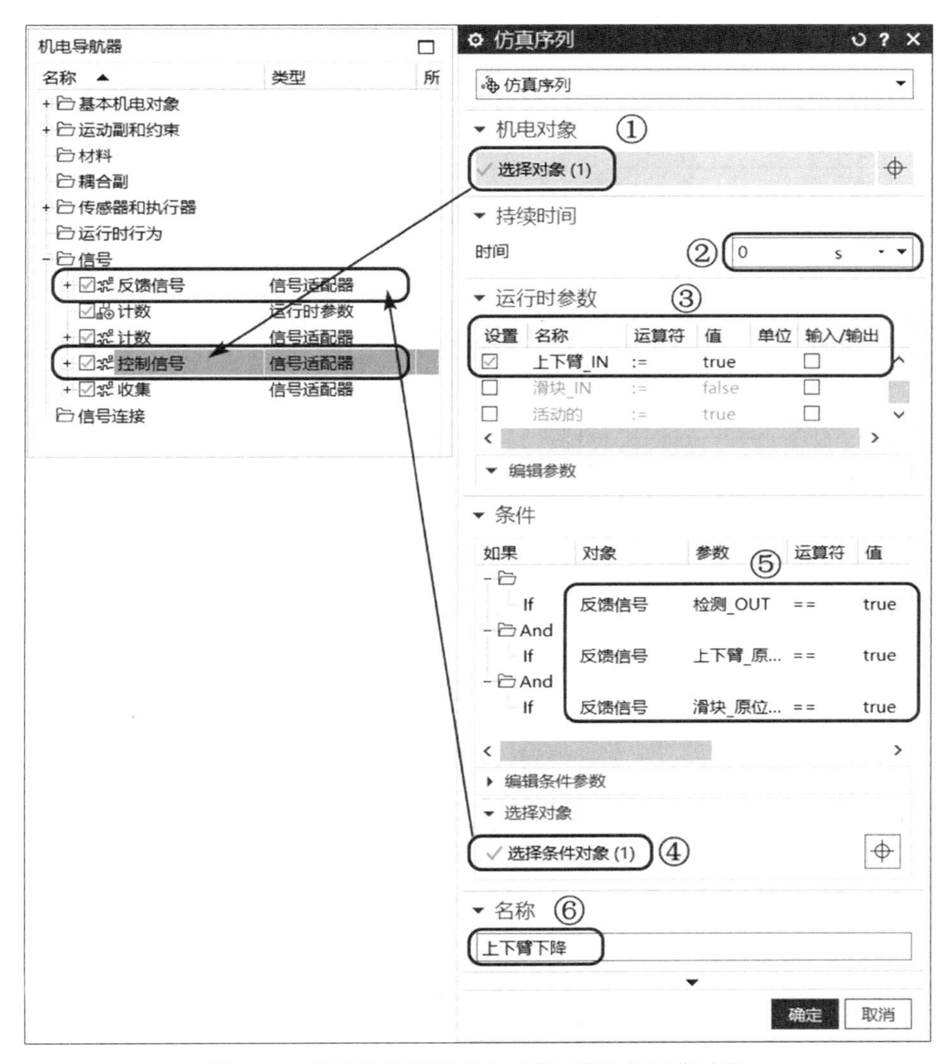

图 6-25 新建仿真序列“上下臂下降”的操作过程

（5）新建仿真序列“吸物料”，“选择对象”设置为“上下臂”；持续时间为“0s”；运行时参数选中“连接件”，编辑参数中选择“触发器中的对象”，“选择连接件”选择“碰撞传感器”，即固定副中的“连接件”去连接触发“碰撞传感器”的对象源；“选择条件对象”设置为“反馈信号”，条件中的“参数”选择“上下臂_到位_OUT”，“运算符”选择“==”，“值”选择“true”，即反馈信号为上下臂已到达物料位置时，启动吸物料动作；操作过程如图6-26所示。

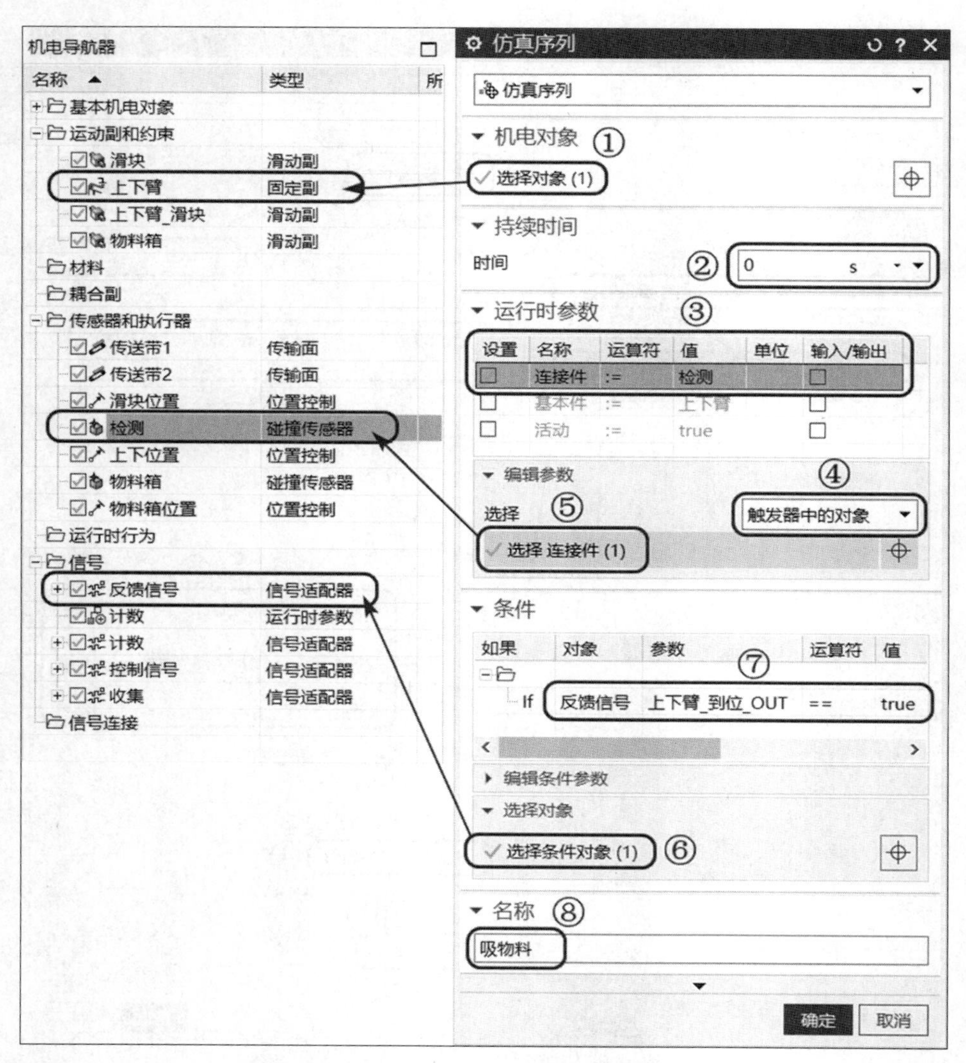

图 6-26　新建仿真序列“吸物料”的操作过程

（6）新建仿真序列“上下臂上升”，“选择对象”设置为“控制信号”；持续时间为“0s”；运行时参数选中“上下臂_IN”，“值”选择“false”，即上下臂回到初始位置；“选择条件对象”设置为“反馈信号”，条件中的“参数”选择“上下臂_到位_OUT”“滑块_原位_OUT”，“运算符”选择“==”，“值”选择“true”，即反馈信号为上下臂已在物料位置，且滑块在初始位置时，启动上下臂上升回到初始位置；操作过程如图6-27所示。

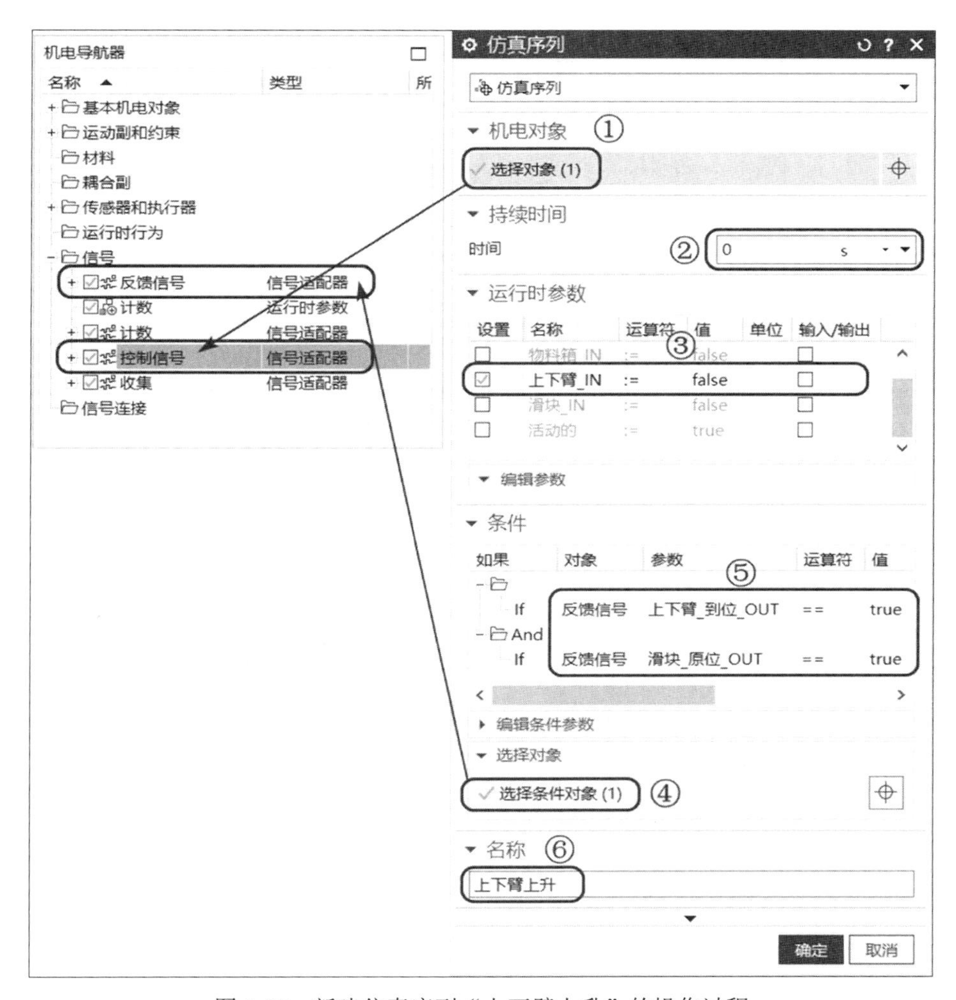

图 6-27　新建仿真序列“上下臂上升”的操作过程

（7）新建仿真序列“搬运”，“选择对象”设置为“控制信号”；持续时间为“0s”；运行时参数选中“滑块_IN”，“值”选择“true”；“选择条件对象”设置为“反馈信号”，条件中的“参数”选择“上下臂_原位_OUT”“物料箱_到位_OUT”，“运算符”选择“==”，“值”选择“true”，即反馈信号为上下臂已回到初始位置，且物料箱已到达收集位置时，启动上下臂运动到物料箱上方位置；操作过程如图6-28所示。此步仿真序列与上一步链接，链接关系如图6-29所示。

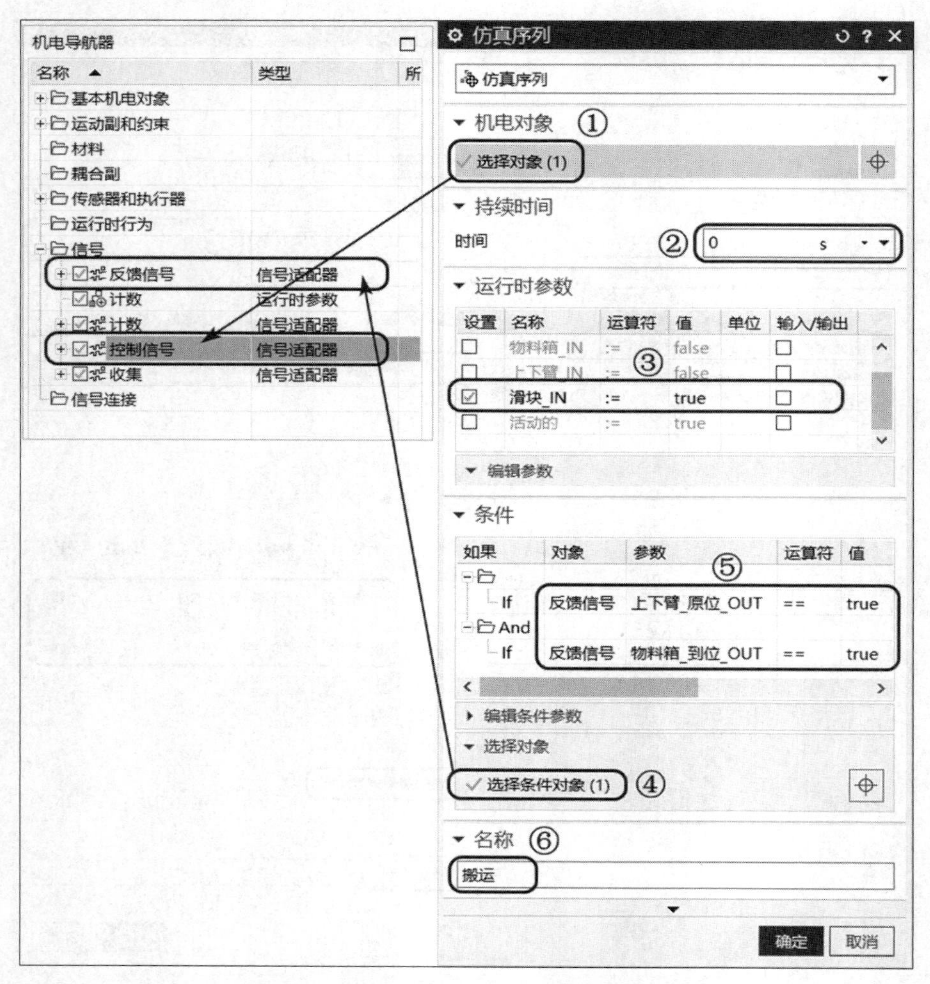

图 6-28　新建仿真序列“搬运”的操作过程

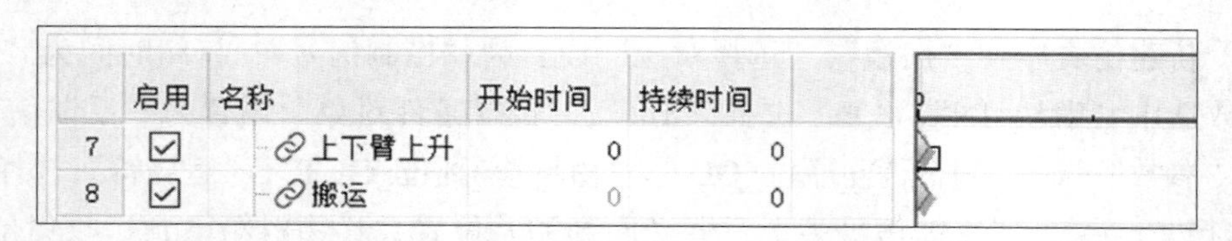

	启用	名称	开始时间	持续时间
7	☑	上下臂上升	0	0
8	☑	搬运	0	0

图 6-29　仿真序列链接关系图

（8）新建仿真序列“松开物料”，“选择对象”设置为“上下臂”；持续时间为“0s”；运行时参数选中“连接件”，“值”为“null”，即固定副的“连接件”为“空”，不连接任何对象；“选择条件对象”设置为“反馈信号”，条件中的“参数”选择“滑块_到位_OUT”，“运算符”选择“==”，“值”选择“true”，即反馈信号为滑块（上下臂）已到达物料箱上方位置后，上下臂松开物料；操作过程如图6-30所示。

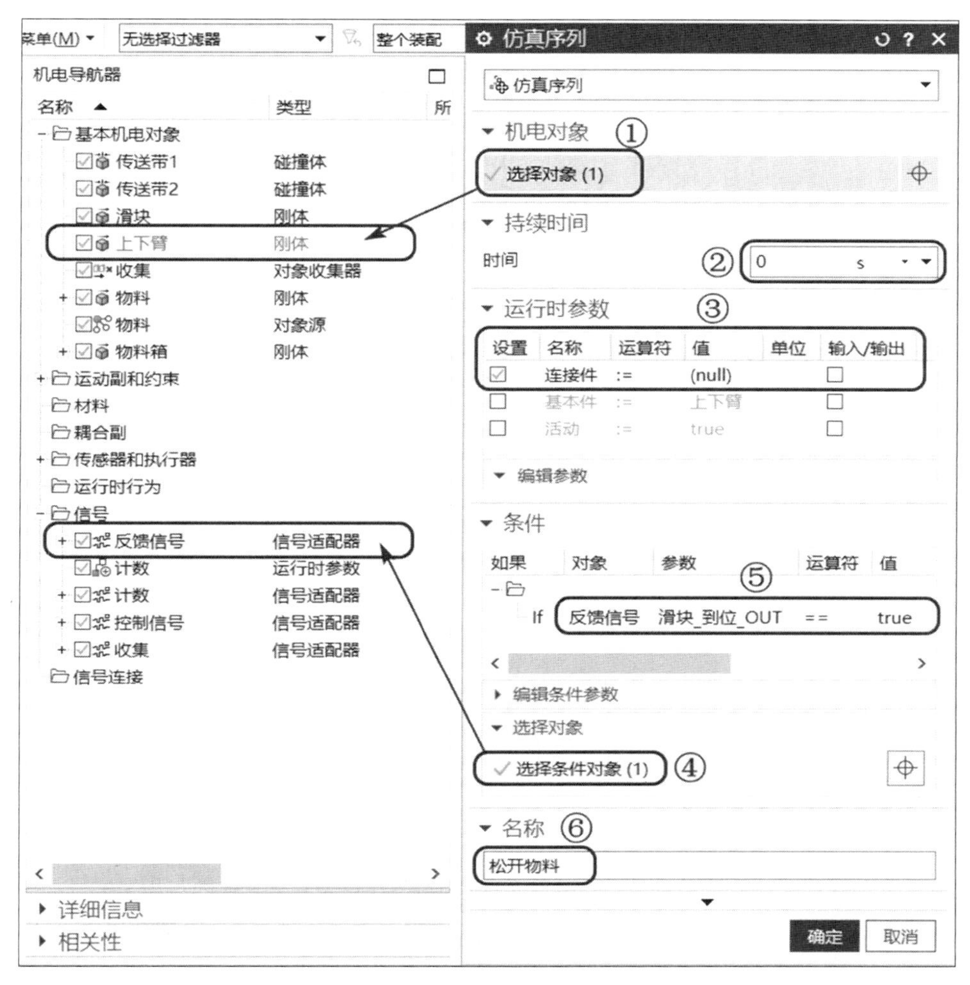

图 6-30　新建仿真序列“松开物料”的操作过程

（9）新建仿真序列“上下臂复位”，“选择对象”设置为“控制信号”；持续时间为“0s”；运行时参数选中“滑块_IN”，“值”选择“false”，即滑块返回初始位置；“选择条件对象”设置为“反馈信号”，条件中的“参数”选择“滑块_到位_OUT”，“运算符”选择“==”，“值”选择“true”；操作过程如图6-31所示。

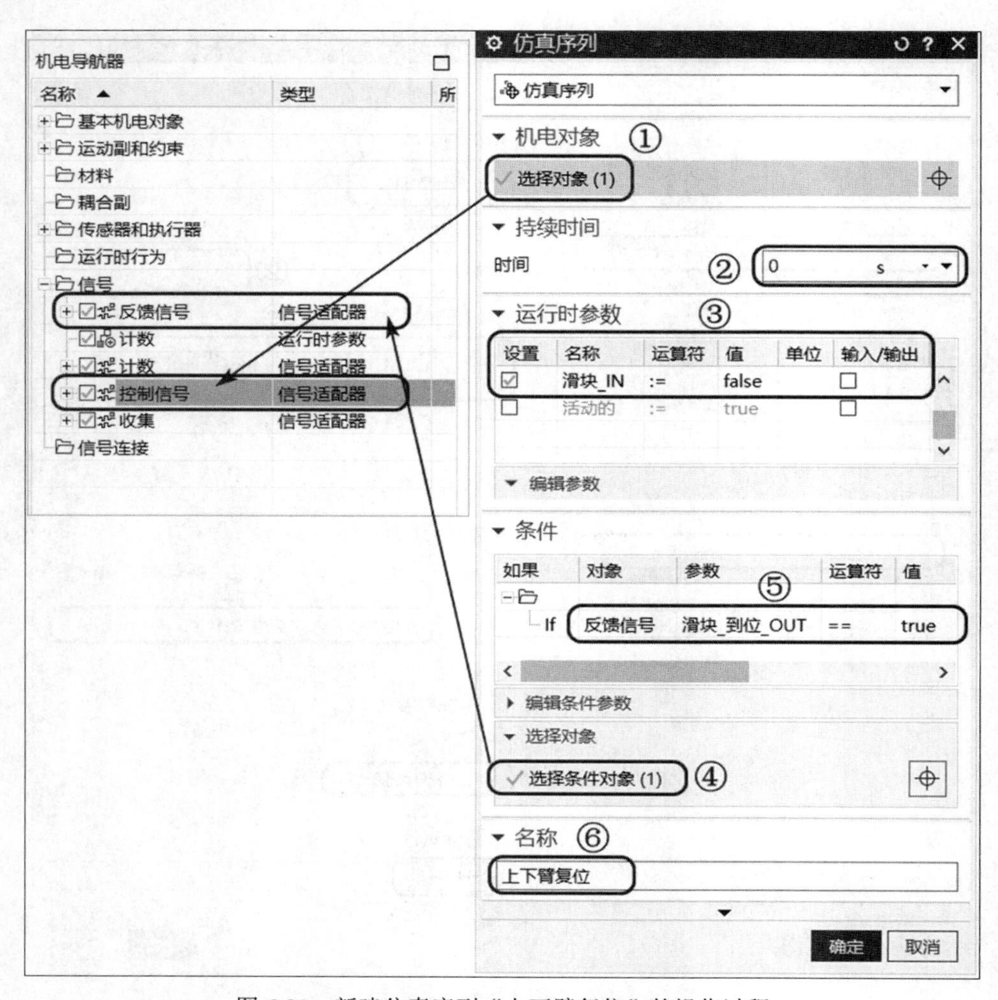

图 6-31　新建仿真序列“上下臂复位”的操作过程

（10）新建仿真序列“新物料”，“选择对象”设置为“物料”；持续时间为“0s”；运行时参数选中“活动”，“值”为“true”，即激活对象源；“选择条件对象”设置为“反馈信号”，条件中的“参数”选择“检测_OUT”，“运算符”选择“==”，“值”选择“false”，即传感器未检测到物料时，生成新的物料；操作过程如图6-32所示。

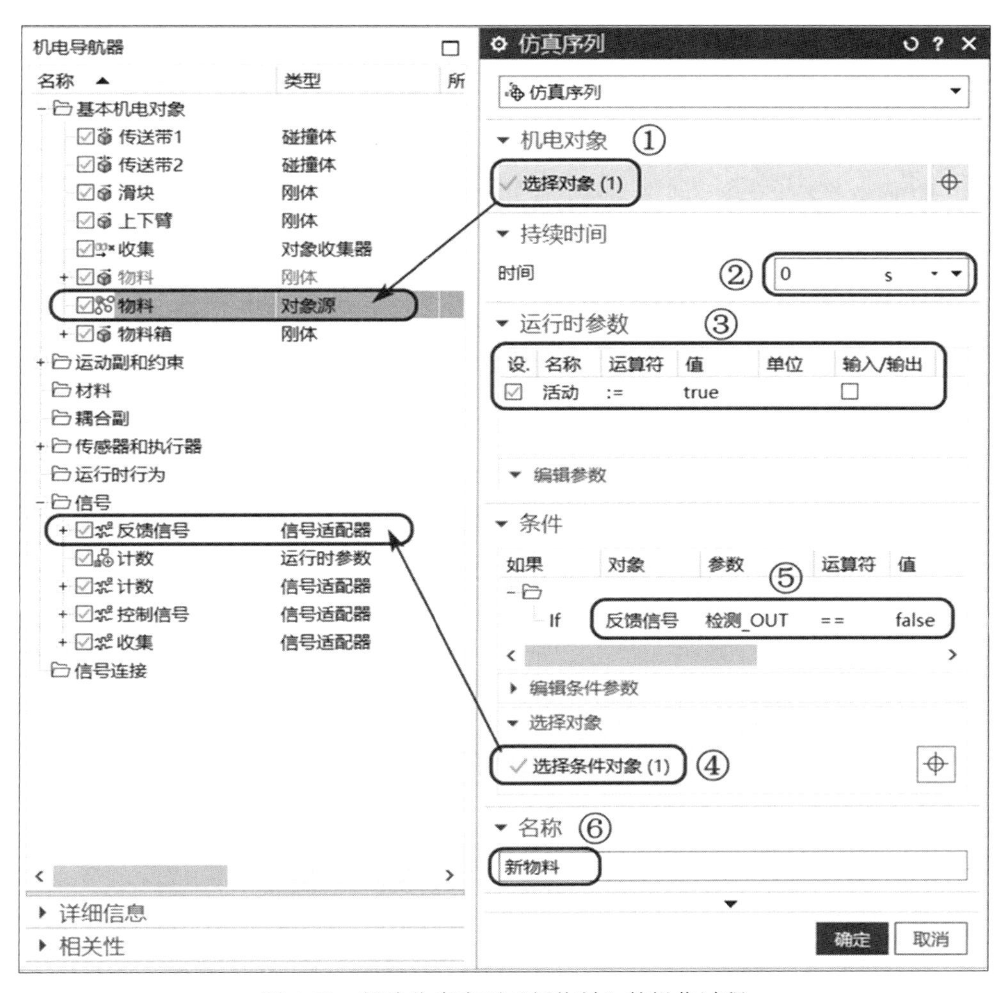

图 6-32　新建仿真序列“新物料”的操作过程

（11）新建仿真序列“计数 ON”，“选择对象”设置为“计数”；持续时间为“0.001s”（时间不能大于0.001s）；运行时参数选中“计数”，“值”为“true”；“选择条件对象”设置为“反馈信号”，条件中的“参数”选择“滑块_到位_OUT”，“运算符”选择“==”，“值”选择“true”，即滑块到位时，运行时参数“计数”值为“true”，此时输出信号“计数_OUT”加“1”；操作过程如图6-33所示。

图 6-33　新建仿真序列“计数 ON”的操作过程

（12）新建仿真序列“计数 OFF”，“选择对象”设置为“计数”；持续时间为“0s”；运行时参数选中“计数”，“值”为“false”，即当“运行时参数（计数）”完成一次计数后立刻关闭；操作过程如图6-34所示。此步仿真序列与上步链接，链接关系如图6-35所示。

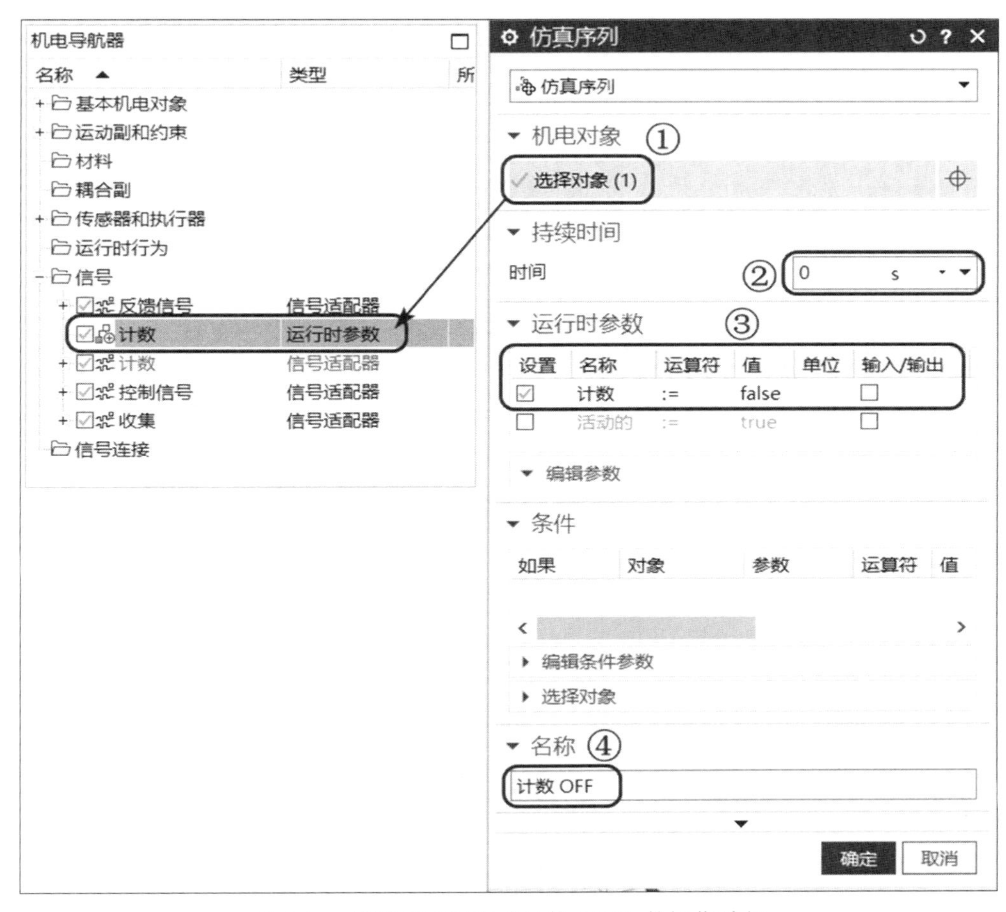

图 6-34　新建仿真序列“计数 OFF”的操作过程

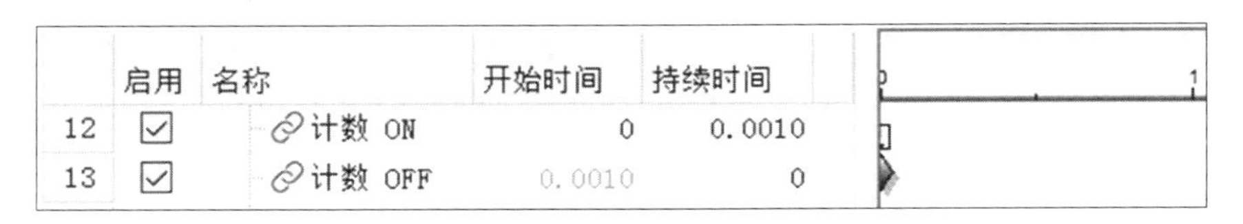

图 6-35　仿真序列链接关系

（13）新建仿真序列“延时”，“选择对象”为“空”；持续时间为“0.5s”，即延时0.5s；“选择条件对象”设置为“计数”，条件中的“参数”为“计数_OUT”，“运算符”选择“==”，“值”设置为“3”，即计数为3次以后，延时0.5s，目的是让物料落入物料箱后，再继续进行后续动作；操作过程如图6-36所示。

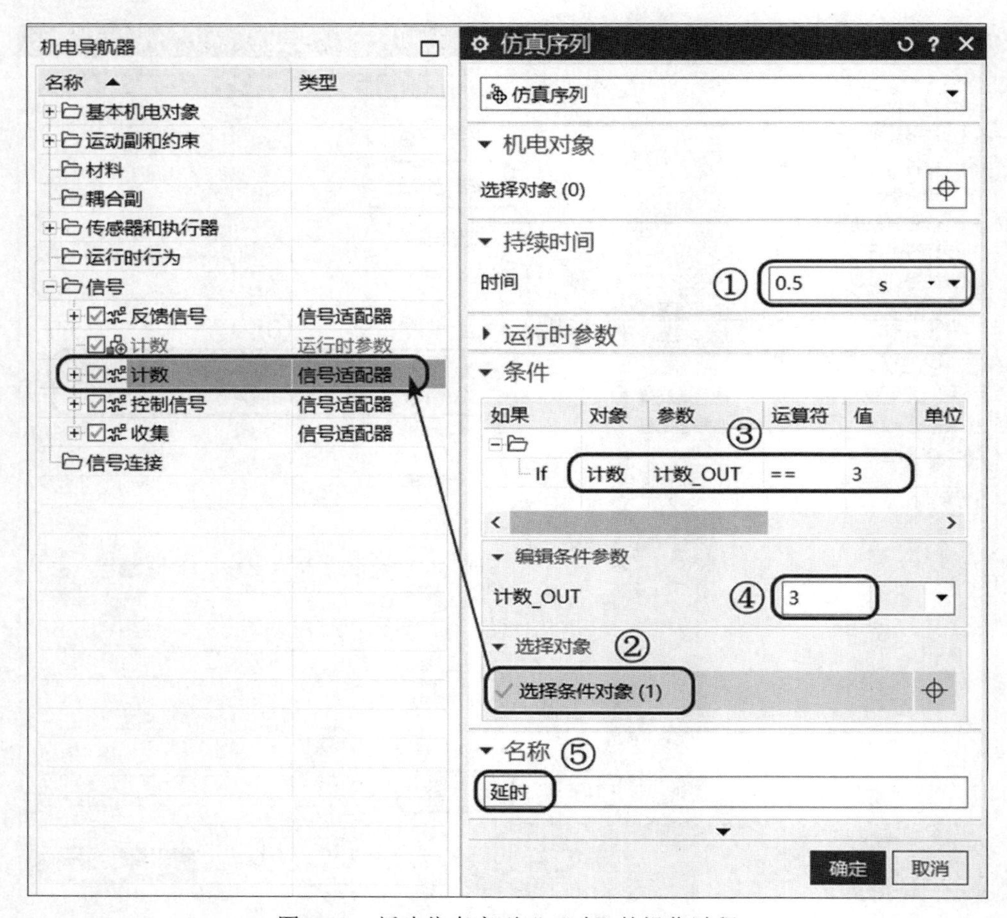

图 6-36　新建仿真序列“延时”的操作过程

（14）新建仿真序列“物料箱复位”，“选择对象”设置为“控制信号”；持续时间为“0s”；运行时参数选中“物料箱_IN”，“值”选择“false”，即物料箱返回初始位置；操作过程如图6-37所示。此步仿真序列与上步链接，链接关系如图6-38所示。

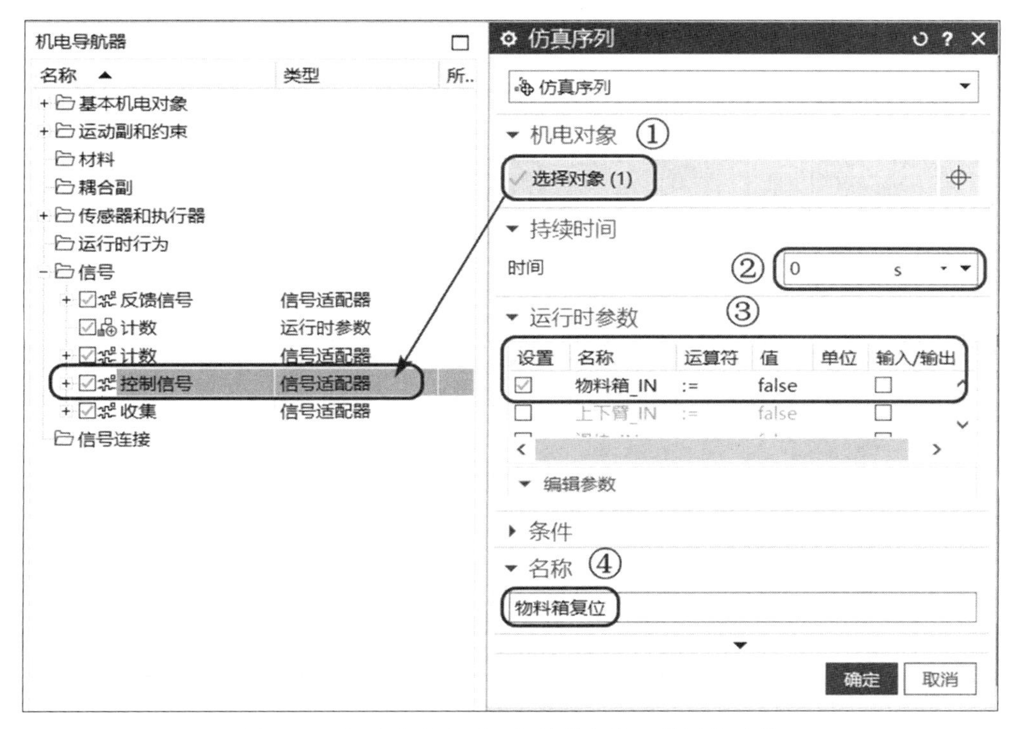

图 6-37　新建仿真序列“物料箱复位”的操作过程

	启用	名称	开始时间	持续时间
14	☑	延时	0	0.5000
15	☑	物料箱复位	0.5000	0

图 6-38　仿真序列链接关系

（15）新建仿真序列“收集 ON”，“选择对象”设置为“收集”；持续时间为“0.1s”；运行时参数选中“收集_IN”，“值”为“true”；“选择条件对象”设置为“反馈信号”，条件中的“参数”选择“物料箱_原位_OUT”，“运算符”选择“==”，“值”选择“true”，即物料箱回到初始位置时，运行时参数“收集_IN”的值为“true”，启动对象收集器收集物料；操作过程如图6-39所示。

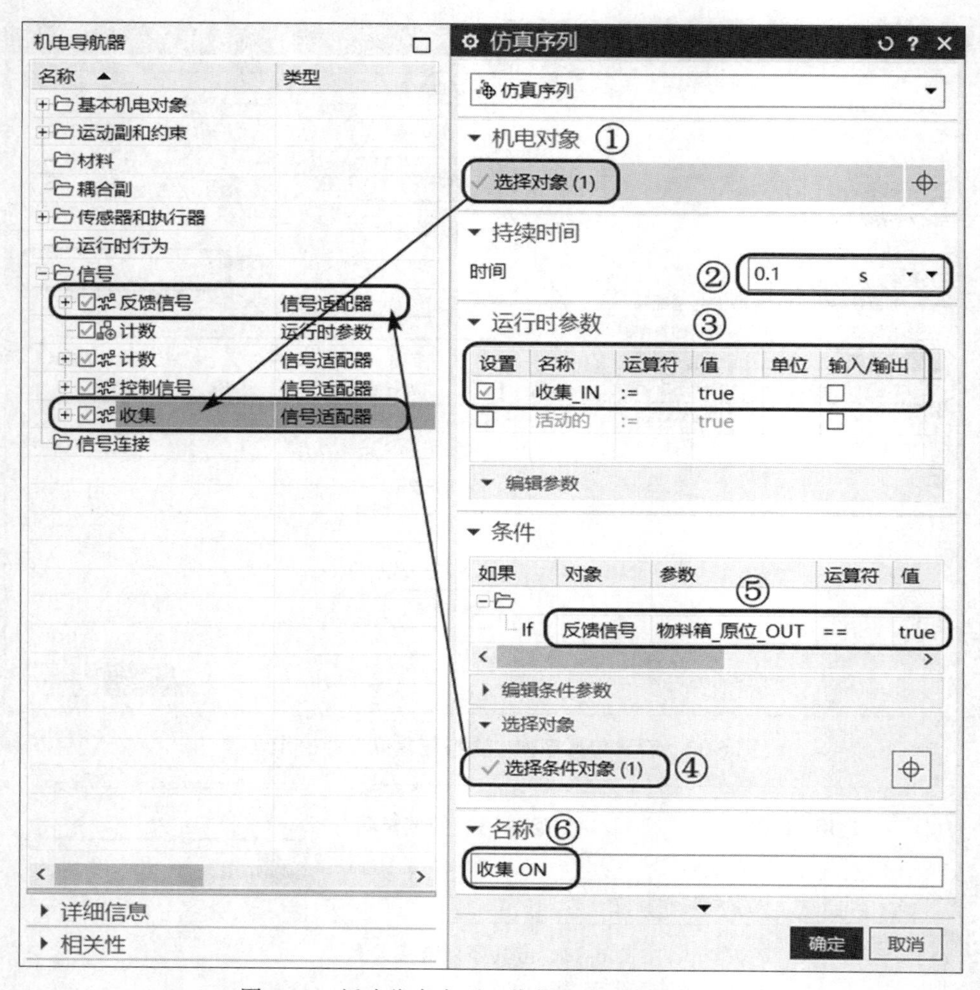

图 6-39　新建仿真序列“收集 ON”的操作过程

（16）新建仿真序列“收集 OFF”，“选择对象”设置为“收集”；持续时间为“0s”；运行时参数选中“收集_IN”，“值”为“false”，即当完成物料收集后立刻关闭对象收集器；操作过程如图6-40所示。此步仿真序列与上步链接，链接关系如图6-41所示。

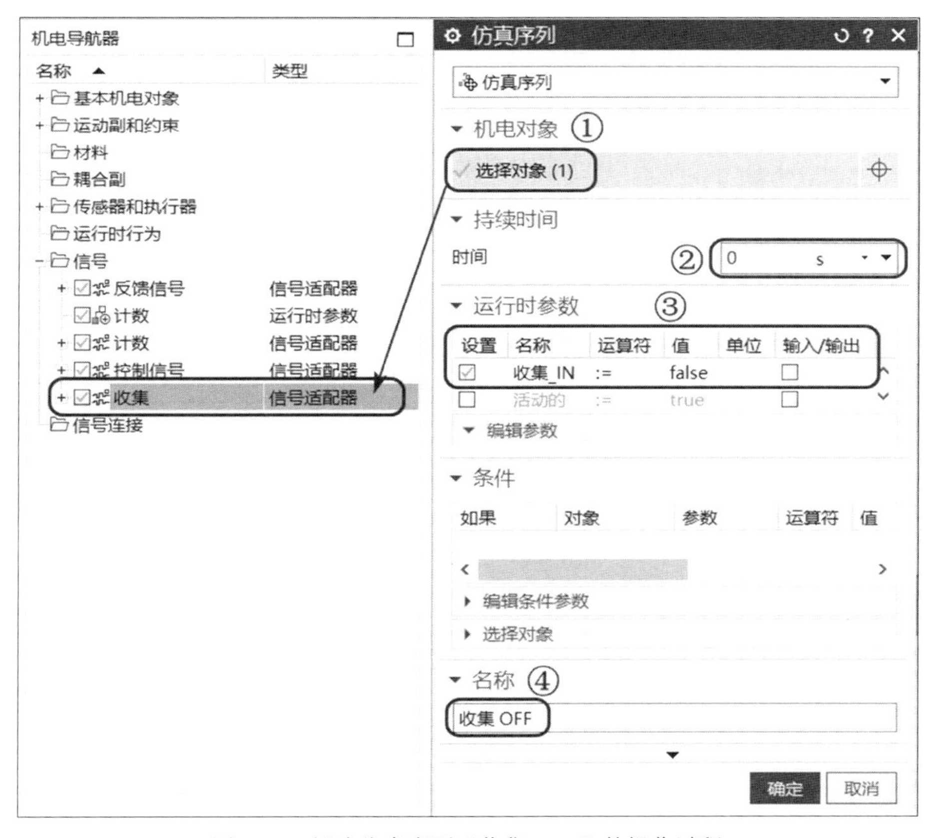

图 6-40　新建仿真序列“收集 OFF”的操作过程

图 6-41　仿真序列链接关系

4. 运动仿真

<table>
<tr><td colspan="3">一、设置基本机电对象</td></tr>
<tr><td>名称</td><td>部件名称及参数</td><td>数量</td></tr>
<tr><td>刚体</td><td>部件名称：</td><td>共____个</td></tr>
<tr><td>碰撞体</td><td>① 部件名称：　　　　碰撞形状：
②</td><td>共____个</td></tr>
<tr><td>对象源</td><td>① 部件名称：　　　　触发方式：
其他参数：
②</td><td>共____个</td></tr>
</table>

（续表）

<table>
<tr><td>对象收集器</td><td>部件名称：</td><td>共____个</td></tr>
<tr><td colspan="3">二、设置传输面</td></tr>
<tr><td>名称</td><td>部件名称及参数</td><td>数量</td></tr>
<tr><td>传输面</td><td>① 部件名称：　　运动类型：
矢量方向：　　速度：
②</td><td>共____个</td></tr>
<tr><td colspan="3">三、设置运动副</td></tr>
<tr><td>名称</td><td>参数</td><td>数量</td></tr>
<tr><td>滑动副</td><td>① 连接件：　　基本件：　　轴矢量：
②</td><td>共____个</td></tr>
<tr><td>固定副</td><td>① 连接件：　　基本件：
②</td><td>共____个</td></tr>
<tr><td colspan="3">四、设置执行器</td></tr>
<tr><td>名称</td><td>参数</td><td>数量</td></tr>
<tr><td>位置控制</td><td>① 机电对象：　　目标：　　速度：
②</td><td>共____个</td></tr>
<tr><td colspan="3">五、设置传感器</td></tr>
<tr><td>名称</td><td>参数</td><td>数量</td></tr>
<tr><td>碰撞传感器</td><td>① 部件名称：　　碰撞形状：
②</td><td>共____个</td></tr>
<tr><td colspan="3">六、信号适配器</td></tr>
<tr><td>信号分类</td><td>参数</td><td>数量</td></tr>
<tr><td rowspan="2">控制信号</td><td>机电对象（别名）— 参数名称 — 数据类型：
①
②
③</td><td>共____个</td></tr>
<tr><td>信号名称 — 数据类型 — 输入/输出 — 初始值：
①
②
③</td><td>共____个</td></tr>
</table>

（续表）

反馈信号	机电对象（别名）— 参数名称 — 数据类型： ① ② ③	共____个
	信号名称 — 数据类型 — 输入/输出 — 初始值： ① ② ③	共____个
七、运行时参数		
名称	参数	数量
运行时参数	① 名称： 类型： 值： ②	共____个
八、仿真序列		
仿真序列步骤	→ → → → → →	

1.4 思考与练习

1.“信号适配器”命令可以封装运行时公式和信号，在一个信号适配器中包含__________和____________。

2. 信号的输入或输出属性，是指由________输入到________中的信号为输入信号，反之，________输出给_________的为输出信号。

3. 将“公式”框中显示的公式指定给选定的__________。添加新公式，以便可以将公式用作另一个函数中的变量。

4. 信号适配器可以看作一种_________的逻辑组织管理方式，由它提供的数据参与到运算过程中，获得计算结果后产生__________，把_________通过输出连接传送给__________________。

1.5 检查与评价

项目	序号	内容	评价标准
自我评价	1	正确定义刚体	□已掌握 □基本掌握 □没掌握
	2	正确定义碰撞体	□已掌握 □基本掌握 □没掌握
	3	正确定义对象源	□已掌握 □基本掌握 □没掌握
	4	正确定义对象收集器	□已掌握 □基本掌握 □没掌握
	5	正确定义传输面	□已掌握 □基本掌握 □没掌握

（续表）

项目	序号	内容	评价标准
	6	正确定义滑动副	□已掌握　□基本掌握　□没掌握
	7	正确定义固定副	□已掌握　□基本掌握　□没掌握
	8	正确定义位置控制	□已掌握　□基本掌握　□没掌握
	9	正确定义碰撞传感器	□已掌握　□基本掌握　□没掌握
	10	正确定义信号适配器（控制信号）	□已掌握　□基本掌握　□没掌握
	11	正确定义信号适配器（反馈信号）	□已掌握　□基本掌握　□没掌握
	12	正确定义运行时参数	□已掌握　□基本掌握　□没掌握
	13	正确应用信号定义仿真序列	□已掌握　□基本掌握　□没掌握
教师评价	1	正确设置刚体、碰撞体、对象源、对象收集器的参数	□优　□良　□中　□及格　□不及格
	2	正确设置传输面、滑动副、固定副的参数	□优　□良　□中　□及格　□不及格
	3	正确设置位置控制的参数	□优　□良　□中　□及格　□不及格
	4	正确设置碰撞传感器的参数	□优　□良　□中　□及格　□不及格
	5	正确定义信号适配器（控制信号）	□优　□良　□中　□及格　□不及格
	6	正确定义信号适配器（反馈信号）	□优　□良　□中　□及格　□不及格
	7	正确定义仿真序列及参数	□优　□良　□中　□及格　□不及格
	8	正确定义计数、收集功能的参数	□优　□良　□中　□及格　□不及格
	9	仿真结果	□优　□良　□中　□及格　□不及格
成绩评定		□优　□良　□中　□及格　□不及格	

项目七　基于 S7-PLCSIM Advanced 软件在环虚拟调试

软件在环虚拟调试是指使用NX MCD软件完成虚拟设备的机械设计并赋予运动属性，虚拟PLC与NX MCD软件进行通信，完成对程序逻辑和设备的调试。

本项目采用TIA Portal + S7-PLCSIM Advanced + NX MCD的解决方案实现软件在环虚拟调试，此方案基于严格的PLCSIM Advanced的同步总线，为虚拟调试提供稳定的模拟。

本项目案例使用的软件版本如下：

1）TIA Portal V16

2）S7-PLCSIM Advanced V3.0

3）NX 1926

知识目标

- 了解 S7-PLCSIM Advanced V3.0 软件，掌握软件参数的设置方法。
- 掌握“外部信号配置”命令的使用方法。
- 掌握“信号映射”命令的使用方法。
- 掌握 NX MCD 与 PLC 信号映射的设置方法。
- 掌握 NX MCD 与 S7-PLCSIM Advanced V3.0 软件在环虚拟仿真调试方法。

任务 1　冲压加工产线 PLC 联动控制虚拟调试

1.1　任务描述

冲压加工产线模型如图7-1所示。

按图7-1中所示模型建模后，利用S7-PLCSIM Advanced V3.0软件建立虚拟PLC，运用NX MCD中的“外部信号配置”的“PLCSIM Adv”内部接口对MCD模型的输入输出信号进行调试，实现运动过程控制。

动作流程描述：当传感器1检测到有产品时，启动传送带；当传感器2检测到有产品时，拦料装置伸出，产品被拦料装置拦住后，停止传送带；冲压冲头下压至产品上表面位置，停留2s后，冲压冲头复位，拦料装置复位，然后重新启动传送带；当传感器3检测到产品时，产品被收集；下一个产品出现，循环上述动作。

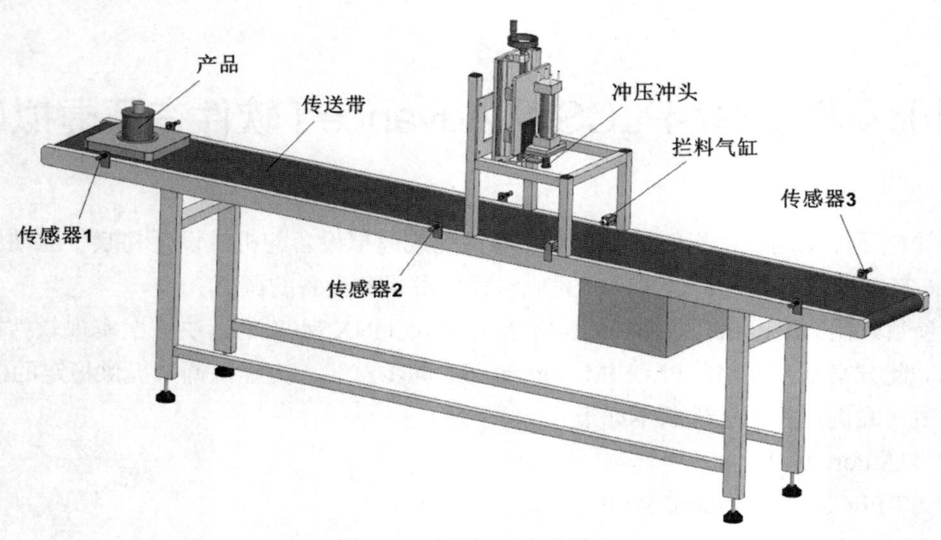

图 7-1　冲压加工产线模型

1.2　相关知识

1. 外部信号配置（External Signal Configuration）

“外部信号配置”命令可以建立不同的协议类型，以便使用外部信号实现协同仿真。MCD支持的协议类型包括MATLAB、OPC DA、OPC UA、PLCSIM Adv、Profinet、SHM、TCP、UDP等。

调用“外部信号配置”命令的方式如下：

在机电概念设计模块中，单击“主页”→“自动化”命令组的“符号表”下拉箭头→“外部信号配置”，如图7-2所示。

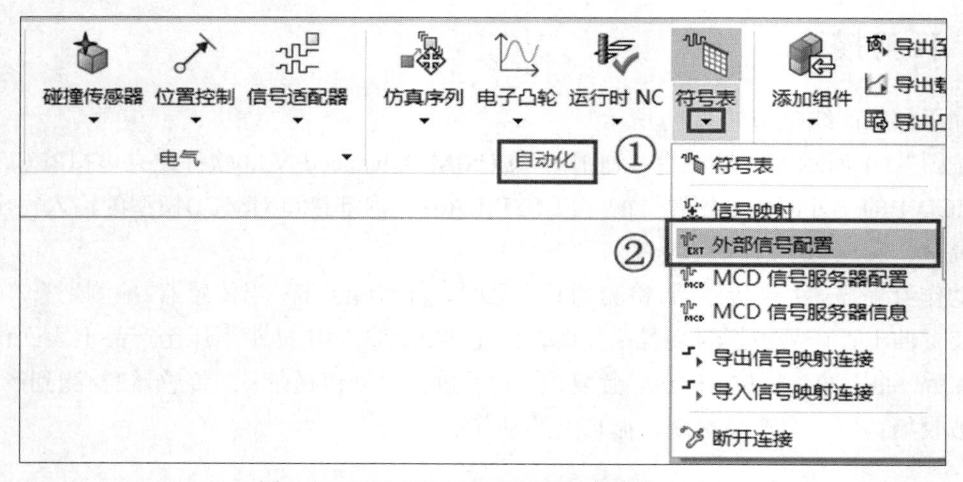

图 7-2　调用“外部信号配置”命令的方式

打开“外部信号配置”对话框，选择“PLCSIM Adv”选项卡，如图7-3所示，其参数含义如表7-1所示。

图 7-3　“外部信号配置”对话框中“PLCSIM Adv”选项卡

表 7-1　“外部信号配置”对话框中的（PLCSIM Adv）参数含义

序号	参数名称		参数含义
①	实例	添加实例	选择PLCSIM Adv V2.0 或更新版本的实例
②		刷新选定实例状态	刷新实例列表以加载已建立的PLC实例
③		移除实例	删除选定的实例
④		实例列表	显示从PLCSIM Adv管理器检索的所有已注册的PLC实例，可以选择要使用的实例
⑤	实例信息	更新选项	用于搜索特定的标记。 ① 区域：指定要搜索的标记类型。 ② 仅HMI可见：勾选后，则过滤对HMI可见标记的搜索。 ③ 数据块过滤器：仅从用户定义的数据块中搜索标记，如果未指定，则搜索所有数据块标记
⑥		更新标记	更新特定实例并在标记列表中显示标记信息

（续表）

序号	参数名称		参数含义
⑦		标记	对标记进行操作。 ① 过滤：根据选择的过滤类型，过滤标记列表中显示的标记。 ② 查找：在文本框中输入指定文本，可以使用“大小写匹配”和“匹配整词”的选项在标记列表中搜索指定文本的项目。 ③ 全选：选择标记列表中的所有标记，以便对其进行映射。 ④ 标记列表：显示属于实例列表中选择的PLC实例的标记。 ⑤ 按钮 （将已检查的标记导出至文件）：将选定标记导出到.csv文件。 ⑥ 按钮 （按选定文件中列出的标记名称自动检查标记）：将所选标记与所选.csv文件中的标记进行比较
⑧	同步	循环	设置用于将MCD信号与PLCSIM Adv信号同步以及在冻结模式下运行PLCSIM Adv的属性。当PLCSIM Adv在冻结模式下运行时，MCD会比较仿真时间，并在一个程序的信号比另一个程序快时延迟该程序。 ① No Syn：MCD不与PLCSIM Adv同步，而是为每个MCD模拟步骤交换数据。 ② OBI/PIP1~PIP31/servo：MCD与选定的循环对象同步，并根据Step Facto交换数据
⑨		步进因子	指定在刷新信号之间运行的MCD仿真步骤数

配置PLCSIM Adv实例的步骤如下：

（1）在配置实例之前，必须先设置虚拟PLC；

（2）在“外部信号配置”对话框中单击“PLCSIM Adv”选项卡后，在“实例”组中单击“添加实例”；

（3）从库中选择一个PLCSIM Adv实例；

（4）在实例列表中，选择包含要使用的标记的实例后，在实例信息组中单击“更新标记”；

（5）在“标记”组的“选择”列中，选中要包含在配置中的标记的复选框，要选择包含在配置中的所有标记，可选择表上方的全选复选框；

（6）在“循环”中，选择“No Syn”（默认），单击“确定”。

2. 信号映射（Signal Mapping）

“信号映射”命令可以将MCD信号与外部信号映射或取消映射。可以指定要在MCD中控制哪些信号，以及要在外部控制哪些信号。

调用“信号映射”命令的方式如下：

在机电概念设计模块中，单击“主页”→“自动化”命令组的“符号表”下拉箭头→“信号映射”，如图7-4所示。

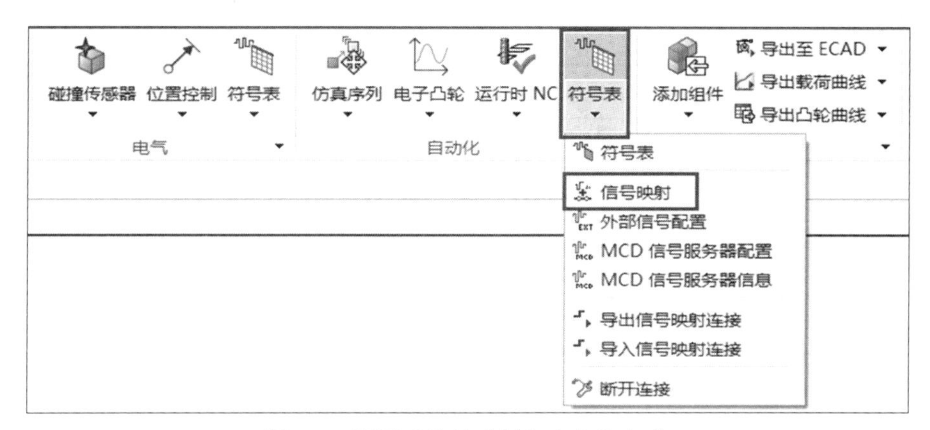

图 7-4　调用“信号映射”命令的方式

打开“信号映射”对话框，如图7-5所示，其参数含义如表7-2所示。

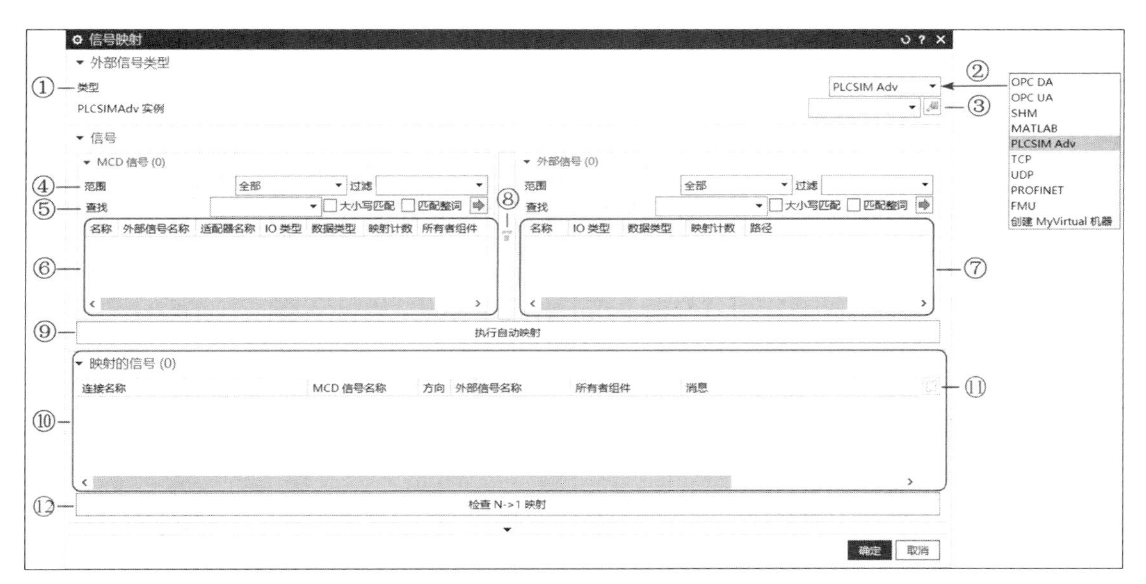

图 7-5　“信号映射”对话框

表 7-2　“信号映射”对话框中的参数含义

序号	参数名称		参数含义
①	外部信号类型	类型	可以映射的协议类型
②		协议类型列表	选择可以映射的协议类型列表
③		设置	打开“外部信号配置”对话框以创建新的配置
④	信号	范围	根据信号适配器范围在“过滤器”列表中选择信号。 ① 全部：显示所有可用的信号适配器。 ② 全局：显示所有可用的全局信号
⑤		查找	根据在文本框中输入的文本以及“大小写匹配”和“匹配整词”选项设置，搜索MCD信号或外部信号

（续表）

序号	参数名称		参数含义
⑥		MCD信号列表	显示可用的MCD信号及以下信息。 ① 名称：在MCD中创建信号时指定的信号名称。 ② 适配器名称：封装信号的信号适配器名称。 ③ IO类型：输入或输出信号。 ④ 数据类型：信号的数据类型。 ⑤ 映射计数：MCD信号被映射的次数。 ⑥ 所有者组件：保存信号配置的MCD组件
⑦		外部信号列表	显示可用于所选信号类型的外部信号及以下信息。 ① 名称：在外部信号配置中指定的信号名称。 ② IO类型：输入或输出信号。 ③ 数据类型：信号的数据类型。 ④ 映射计数：外部信号被映射的次数
⑧		映射信号	将选定的MCD信号与选定的外部信号进行映射
⑨		执行自动映射	将具有相同名称、I/O类型和数据类型的MCD信号与外部信号进行映射
⑩	映射的信号	映射的信号列表	显示MCD信号和外部信号之间建立的连接及以下信息。 ① 连接名称：用于设置输入和输出之间的连接的名称，但重命名连接不会重命名其包含的信号。 ② 方向：用于快速识别映射信号的输入和输出。 ③ 所有者组件：显示保存信号配置的MCD组件。 ④ 消息：用于查看验证错误消息
⑪		断开	断开选定的映射信号连接
⑫		检查N->1映射	验证是否只有一个信号映射到MCD输入信号

1.3 任务实施

使用TIA Portal + S7-PLCSIM Advanced + NX MCD的解决方案实现软件在环虚拟调试，主要分为三部分，分别是NX MCD配置、PLC组态及程序编写、PLC与NX MCD虚拟调试。

1. NX MCD 配置

（1）基本设置。

设置完成图7-1模型中的基本机电对象、运动副和约束、传感器和执行器，如图7-6所示。

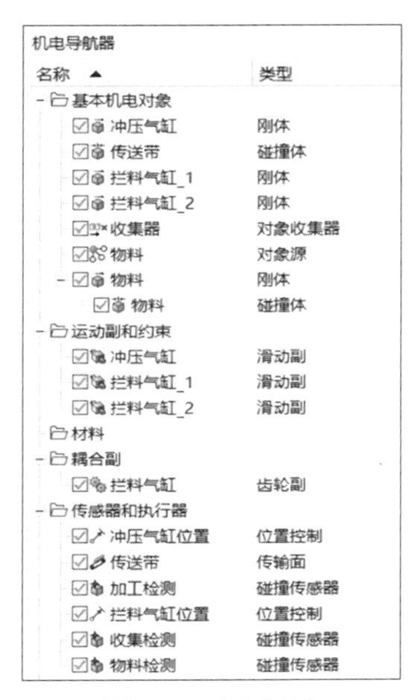

图 7-6　基本设置

（2）设置信号。

通过“信号适配器”创建“控制信号”和“反馈信号”，操作过程分别如图7-7和图7-8所示。

图 7-7　创建“控制信号”的操作过程

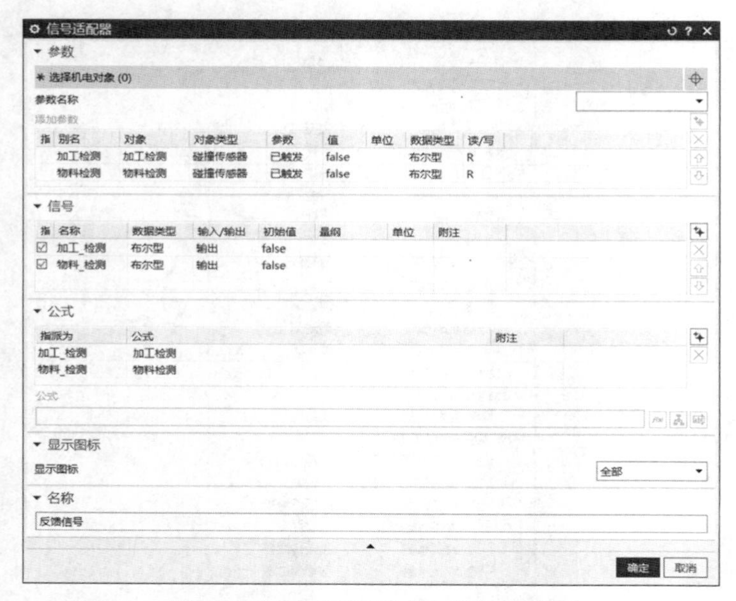

图 7-8　创建“反馈信号”的操作过程

2. PLC 组态及程序编写

（1）PLC设备组态。

打开TIA Portal软件创建新项目后，添加新的设备。

在设备项目树中，单击“添加新设备”，选择“控制器”中“SIMATIC S7-1500”中的“CPU 1511-1 PN”（订货号：6ES7 511-1AK02-0AB0），如图7-9所示。注意，要添加S7-1500系列的PLC，S7-1200不支持NX MCD“外部信号配置”中的“PLCSIM Adv”仿真。

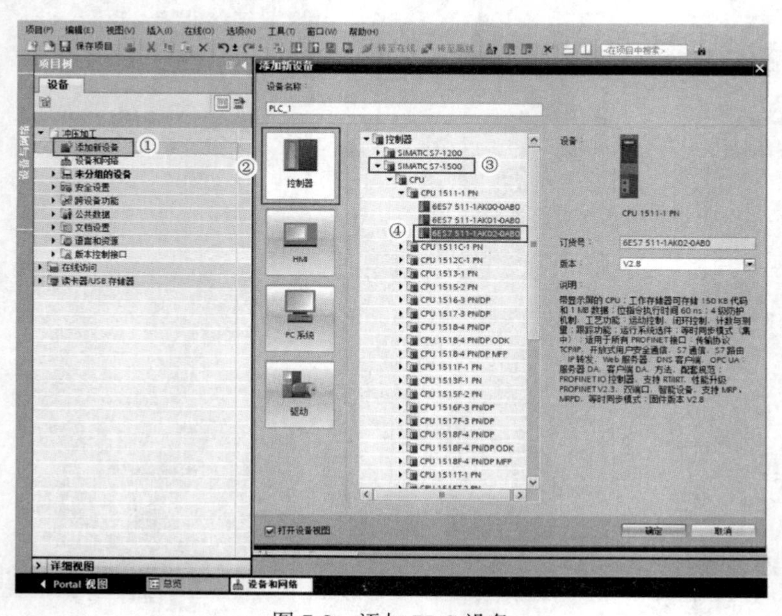

图 7-9　添加 PLC 设备

（2）PLC变量。

I/O分配表如表7-3所示。

表 7-3　I/O 分配表

输入变量		输出变量	
地址	名称	地址	名称
I10.0	加工检测_out	Q0.0	传送带_in
I10.1	物料检测_out	Q0.1	冲压_in
MB10	程序步	Q0.2	拦料_in

（3）程序编写。

① 编写PLC程序，如图7-10所示。

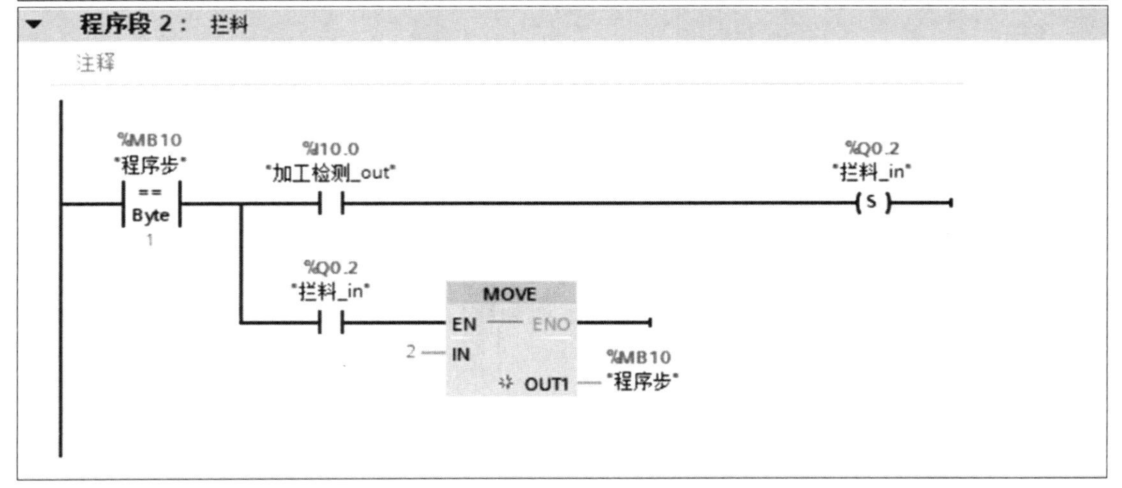

图 7-10　编写 PLC 程序

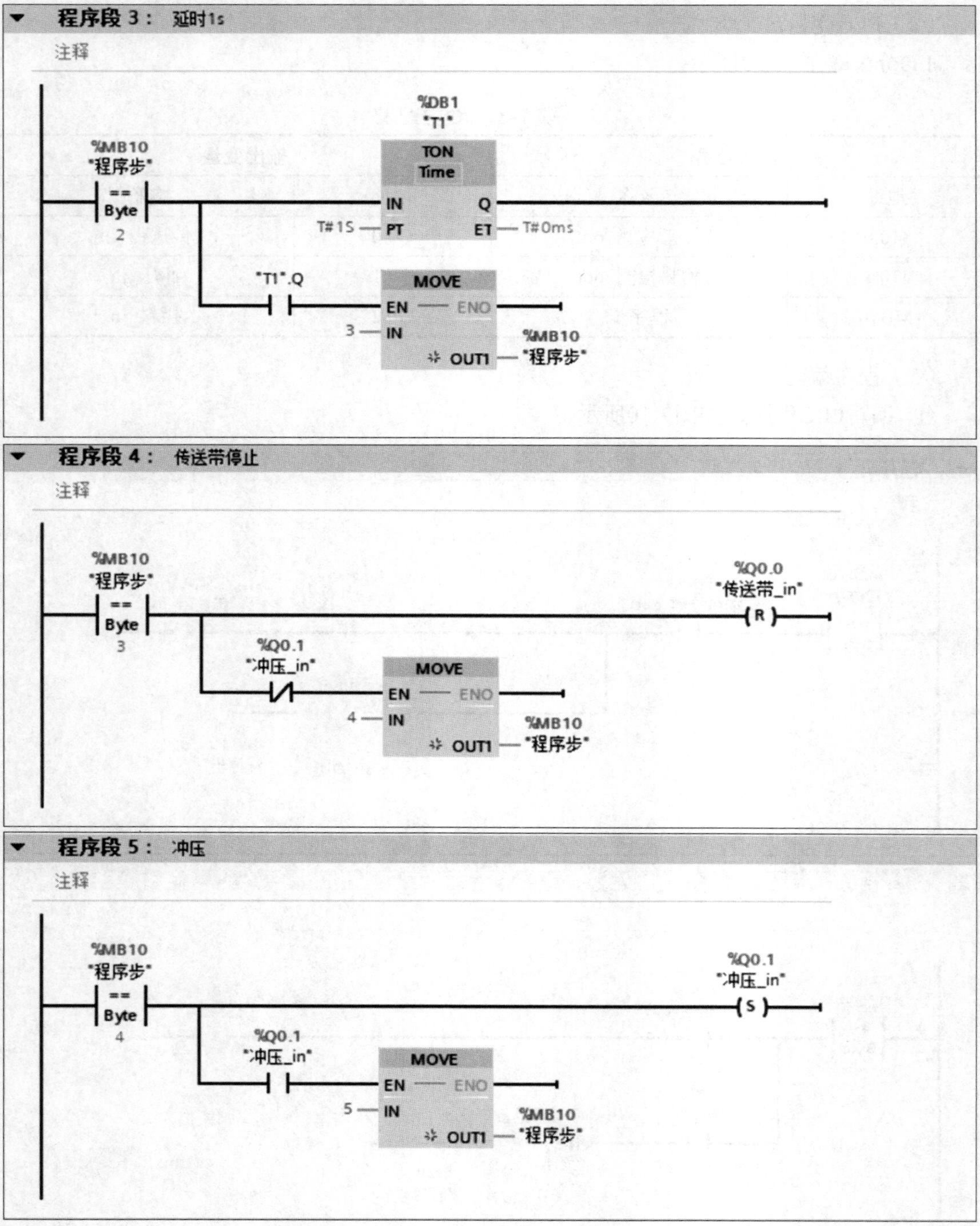

程序段 3： 延时1s

注释

%DB1
"T1"
TON
Time
%MB10
"程序步"
==
Byte
2
IN Q
T#1S — PT ET — T#0ms
"T1".Q
MOVE
EN — ENO
3 — IN
OUT1 — %MB10 "程序步"

程序段 4： 传送带停止

注释

%MB10
"程序步"
==
Byte
3
%Q0.0
"传送带_in"
(R)
%Q0.1
"冲压_in"
MOVE
EN — ENO
4 — IN
OUT1 — %MB10 "程序步"

程序段 5： 冲压

注释

%MB10
"程序步"
==
Byte
4
%Q0.1
"冲压_in"
(S)
%Q0.1
"冲压_in"
MOVE
EN — ENO
5 — IN
OUT1 — %MB10 "程序步"

图 7-10 编写 PLC 程序（续）

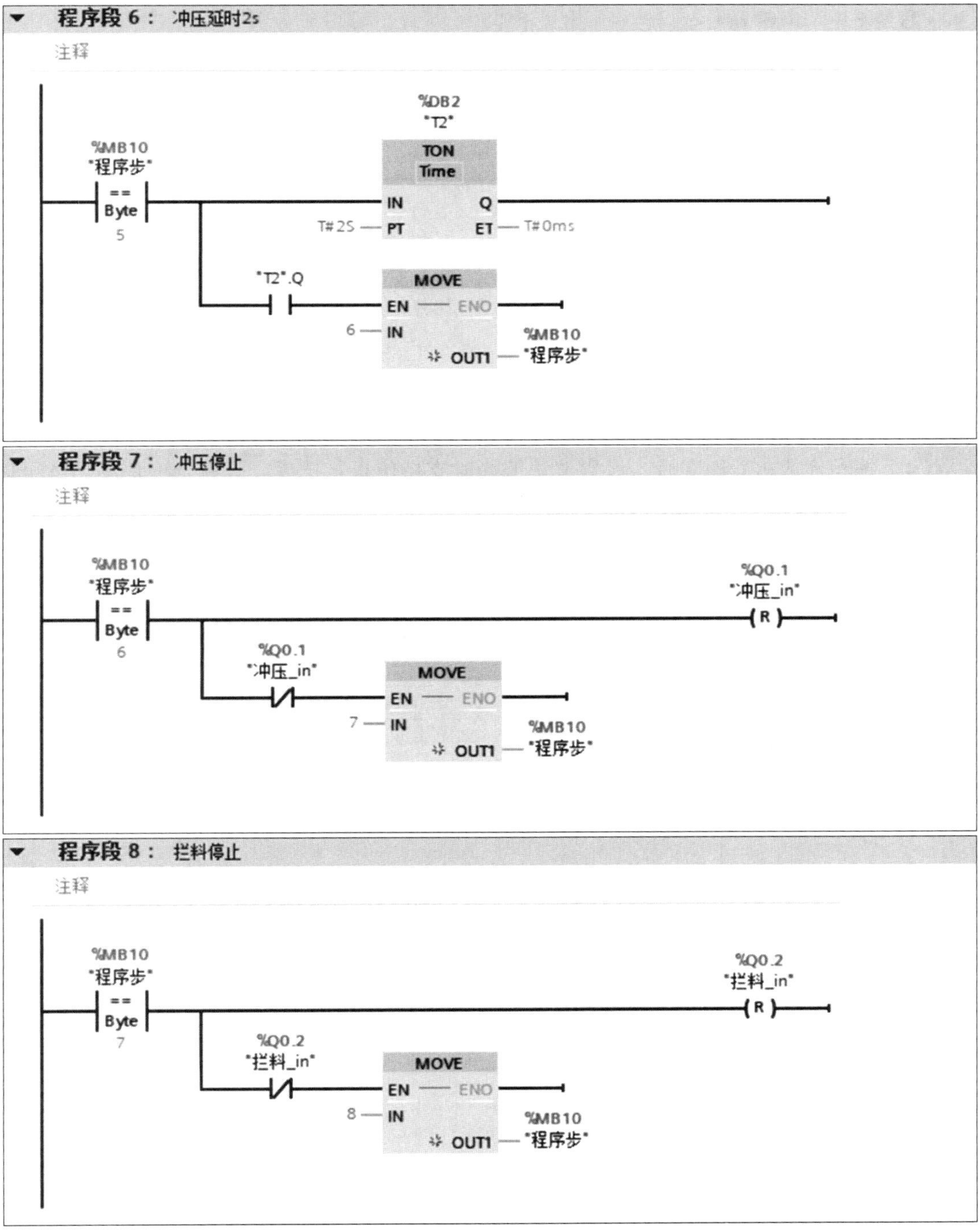

图 7-10　编写 PLC 程序（续）

程序段 9： 传送带启动

注释

%MB10
"程序步"
==
Byte
8

%Q0.0
"传送带_in"
(S)

%Q0.0
"传送带_in"

MOVE
EN ENO
0 IN
OUT1
%MB10
"程序步"

图 7-10　编写 PLC 程序（续）

（4）编写完成PLC程序后，设置“块编译时支持仿真”选项，只有选中该项后才可以进行虚拟仿真，操作步骤如图7-11所示。

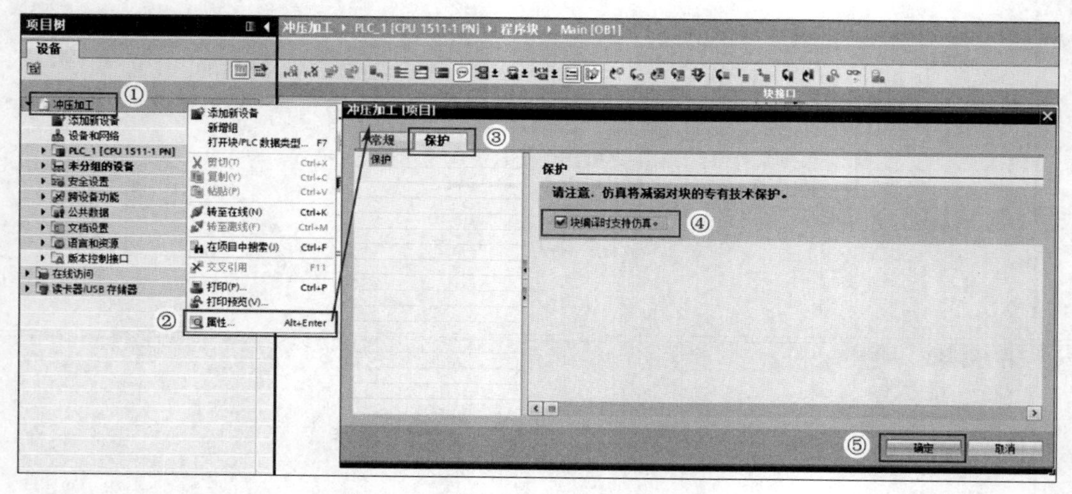

图 7-11　设置“块编译时支持仿真”

3. PLC 与 NX MCD 虚拟调试

（1）S7-PLCSIM Advanced信号连接。

① 启动虚拟PLC。

打开S7-1500仿真软件S7-PLCSIM Advanced V3.0，模式选择“PLCSIM”，实例名称自行定义（名称不能为中文，至少三个字符），PLC类型选择“Unspecified CPU 1500”，然后单击“Start”按钮即可启动虚拟PLC，操作过程如图7-12所示。虚拟PLC成功启动后，PLC显示黄灯，表示PLC上电并且处于Stop状态。

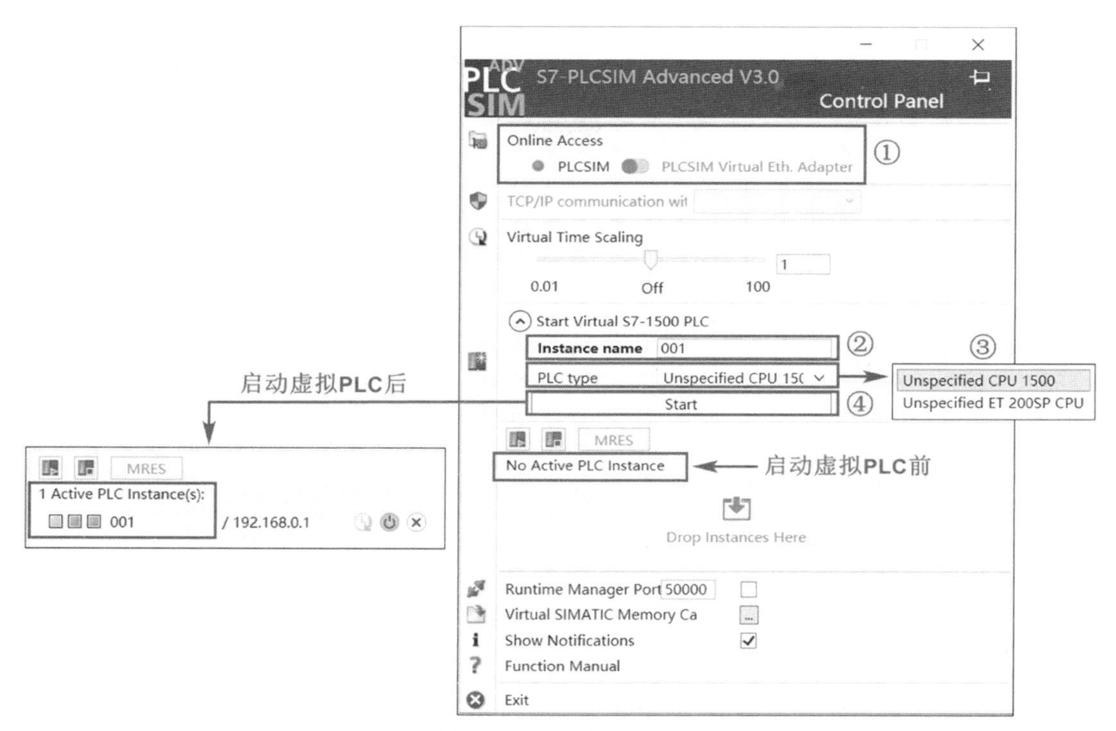

图 7-12　启动虚拟 PLC

② 下载PLC程序。

虚拟PLC启动后即可下载程序。在TIA Portal软件中选中当前PLC项目，单击 （下载到设备）按钮下载，如图7-13所示。

图 7-13　下载 PLC 程序

在弹出的“下载预览”对话框中，单击“装载”按钮，然后在“下载结果”对话框中，将“无动作”改为“启动模块”选项，单击“完成”按钮，即完成将PLC程序下载到虚拟PLC中，如图7-14所示。

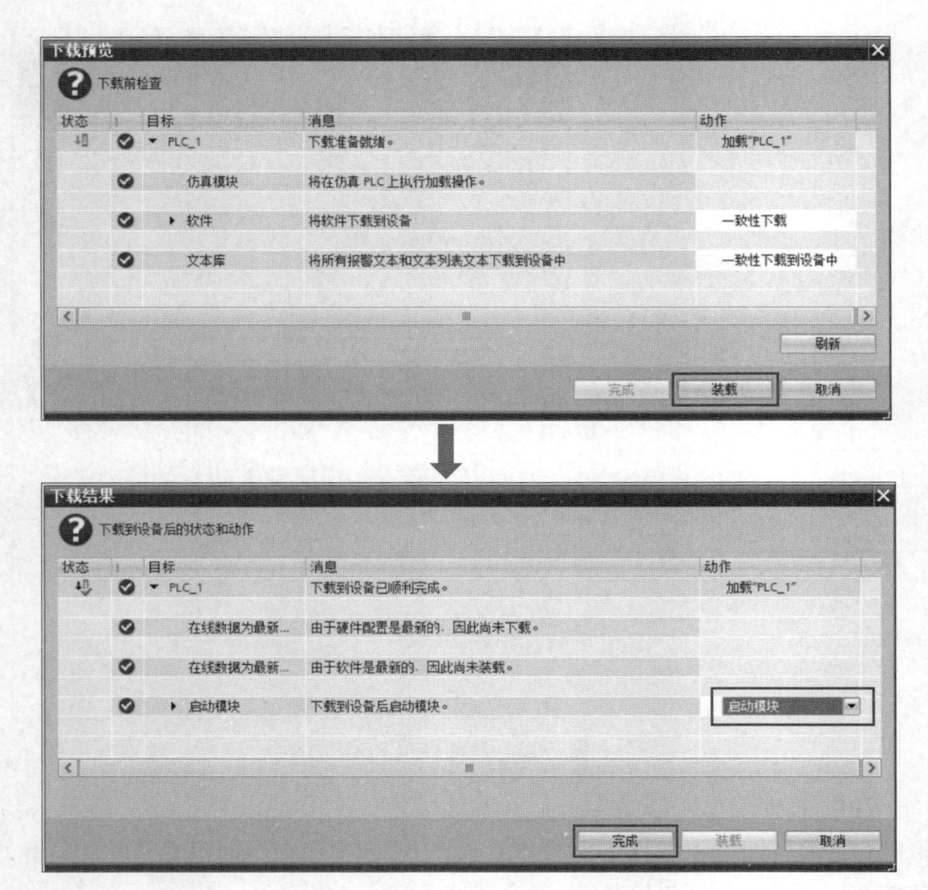

图 7-14　完成 PLC 程序下载

此时S7-PLCSIM Advanced V3.0添加的虚拟PLC变为绿灯，表示PLC程序已经成功下载到虚拟PLC中，PLC为Run状态。

（2）外部信号配置。

在NX MCD中，打开“外部信号配置”对话框，选择“PLCSIM Adv”选项卡，在“实例”列表框选择（添加实例）按钮，在弹出的“添加PLCSIM Adv实例”对话框的实例列表中，选择创建的虚拟PLC，此处为“001”，然后单击“确定”。在“外部信号配置”对话框的实例列表中选中该实例，“实例信息”中的“区域”选择“IOM”，单击“更新标记”，“标记”列表中会列出所有PLC变量，勾选“全选”，本例中在列表中取消选择“程序步”，单击“确定”，如图7-15所示。

（3）信号映射。

在NX MCD中，打开“信号映射”对话框，“外部信号类型”中选择“PLCSIM Adv”，“PLCSIM Adv实例”选择对应创建的虚拟PLC，此处为“001”。当MCD信号和外部信号（PLC变量）的名称完全相同时，可单击“执行自动映射”，即可完成自动映射。如果名称不同，则需要一一对应手动选择MCD信号和外部信号，然后通过“信号映射”按钮一一对应进行信号映射。信号全部映射完成后，单击“确定”，映射结果会自动显示在“映射的信号”列表中，如图7-16所示。

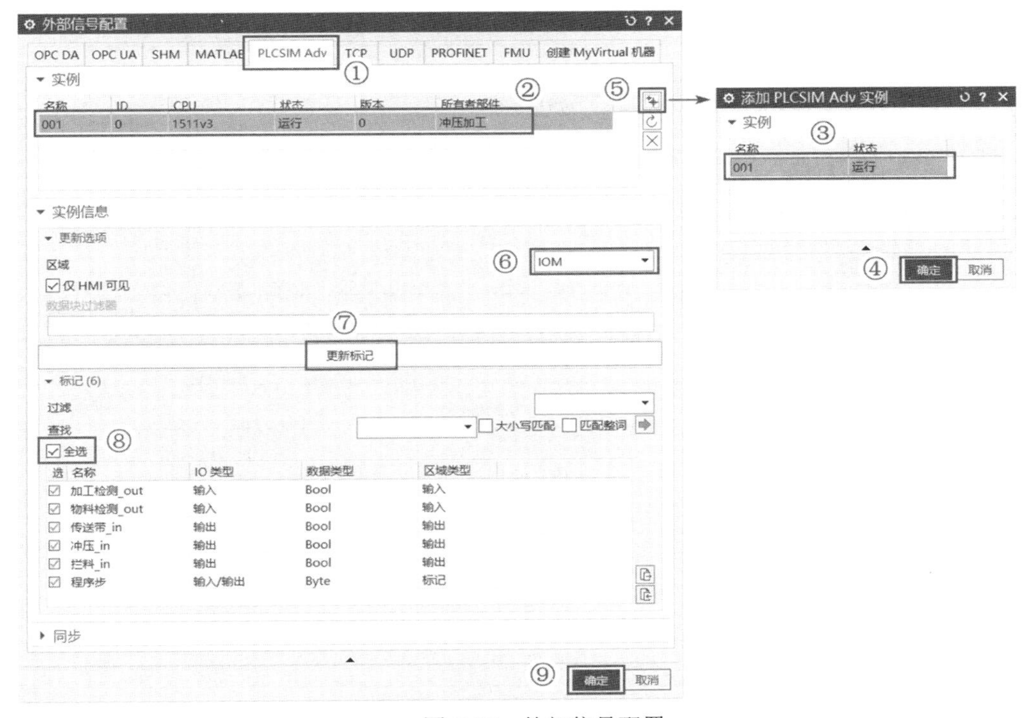

图 7-15　外部信号配置

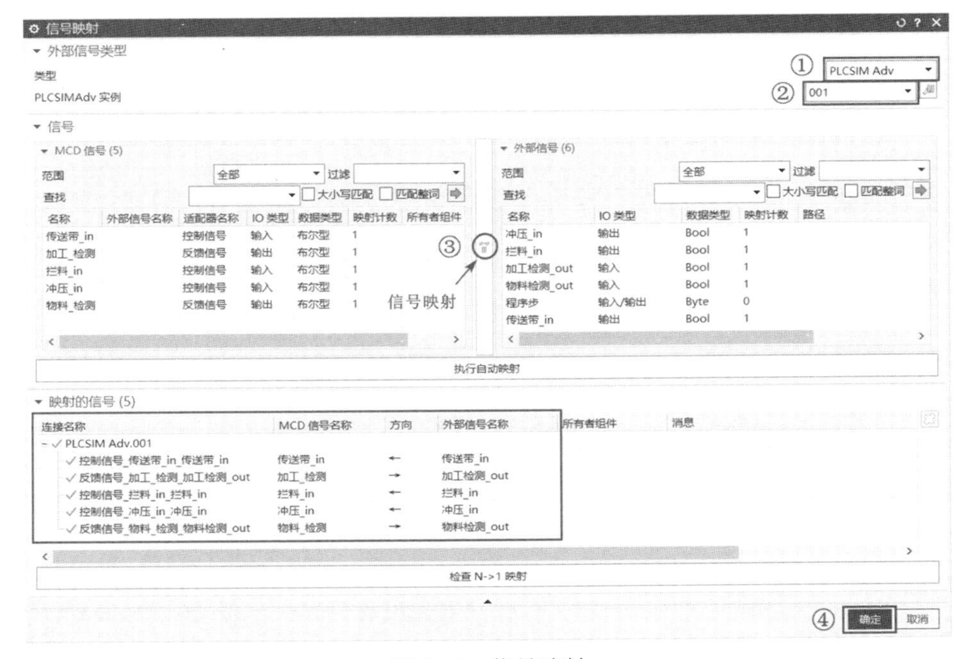

图 7-16　信号映射

4. 运动仿真

一、设置基本机电对象		
名称	部件名称及参数	数量
刚体	部件名称：	共____个
碰撞体	① 部件名称： 碰撞形状： ②	共____个
对象源	① 部件名称： 触发方式： 其他参数： ②	共____个
对象收集器	部件名称：	共____个
二、设置传输面		
名称	部件名称及参数	数量
传输面	① 部件名称： 运动类型： 矢量方向： 速度： ②	共____个
三、设置运动副、耦合副		
名称	参数	数量
滑动副	① 连接件： 基本件： 轴矢量： ②	共____个
齿轮	① 主对象和从对象： 主倍数和从倍数： ②	共____个
四、设置执行器		
名称	参数	数量
位置控制	① 机电对象： 目标： 速度： ②	共____个
五、设置传感器		
名称	参数	数量
碰撞传感器	① 部件名称： 碰撞形状： ②	共____个
六、信号适配器		
信号分类	参数	数量

（续表）

<table>
<tr><td rowspan="3">控制信号</td><td>参数：
机电对象（别名）— 参数名称 — 数据类型
①
②</td><td>共____个</td></tr>
<tr><td>信号：
信号名称 — 数据类型 — 输入/输出 — 初始值
①
②</td><td>共____个</td></tr>
<tr><td>公式：
指派为 — 公式
①
②</td><td>共____个</td></tr>
<tr><td rowspan="3">反馈信号</td><td>参数：
机电对象（别名）— 参数名称 — 数据类型：
①
②</td><td>共____个</td></tr>
<tr><td>信号：
信号名称 — 数据类型 — 输入/输出 — 初始值：
①
②</td><td>共____个</td></tr>
<tr><td>公式：
指派为 — 公式
①
②</td><td>共____个</td></tr>
<tr><td colspan="3">七、仿真序列</td></tr>
<tr><td>仿真序列步骤
（基于信号）</td><td colspan="2">→　　→　　→
→　　→　　→</td></tr>
<tr><td colspan="3">八、虚拟调试</td></tr>
<tr><td>运行结果</td><td colspan="2"></td></tr>
</table>

1.4　思考与练习

1. “外部信号配置”命令可建立________协议类型，以便使用外部信号实现________。
2. “信号映射”命令可以将________信号与________信号映射或取消映射。

1.5 检查与评价

项目	序号	内容	评价标准
自我评价	1	正确定义刚体	□已掌握 □基本掌握 □没掌握
	2	正确定义碰撞体	□已掌握 □基本掌握 □没掌握
	3	正确定义对象源	□已掌握 □基本掌握 □没掌握
	4	正确定义对象收集器	□已掌握 □基本掌握 □没掌握
	5	正确定义传输面	□已掌握 □基本掌握 □没掌握
	6	正确定义滑动副	□已掌握 □基本掌握 □没掌握
	7	正确定义齿轮	□已掌握 □基本掌握 □没掌握
	8	正确定义位置控制	□已掌握 □基本掌握 □没掌握
	9	正确定义碰撞传感器	□已掌握 □基本掌握 □没掌握
	10	正确定义信号适配器（控制信号）	□已掌握 □基本掌握 □没掌握
	11	正确定义信号适配器（反馈信号）	□已掌握 □基本掌握 □没掌握
	12	正确应用信号定义仿真序列	□已掌握 □基本掌握 □没掌握
	13	正确设计PLC程序	□已掌握 □基本掌握 □没掌握
	14	虚拟调试结果	□已掌握 □基本掌握 □没掌握
教师评价	1	正确定义刚体	□优 □良 □中 □及格 □不及格
	2	正确定义碰撞体	□优 □良 □中 □及格 □不及格
	3	正确定义对象源	□优 □良 □中 □及格 □不及格
	4	正确定义对象收集器	□优 □良 □中 □及格 □不及格
	5	正确定义传输面	□优 □良 □中 □及格 □不及格
	6	正确定义滑动副	□优 □良 □中 □及格 □不及格
	7	正确定义齿轮	□优 □良 □中 □及格 □不及格
	8	正确定义位置控制	□优 □良 □中 □及格 □不及格
	9	正确定义碰撞传感器	□优 □良 □中 □及格 □不及格
	10	正确定义信号适配器（控制信号）	□优 □良 □中 □及格 □不及格
	11	正确定义信号适配器（反馈信号）	□优 □良 □中 □及格 □不及格
	12	正确应用信号定义仿真序列	□优 □良 □中 □及格 □不及格
	13	正确设计PLC程序	□优 □良 □中 □及格 □不及格
	14	虚拟调试结果	□优 □良 □中 □及格 □不及格
成绩评定		□优 □良 □中 □及格 □不及格	

任务 2　传送带物料分拣产线模型 PLC 联动控制虚拟调试

2.1　任务描述

传送带物料分拣产线模型如图7-17所示。

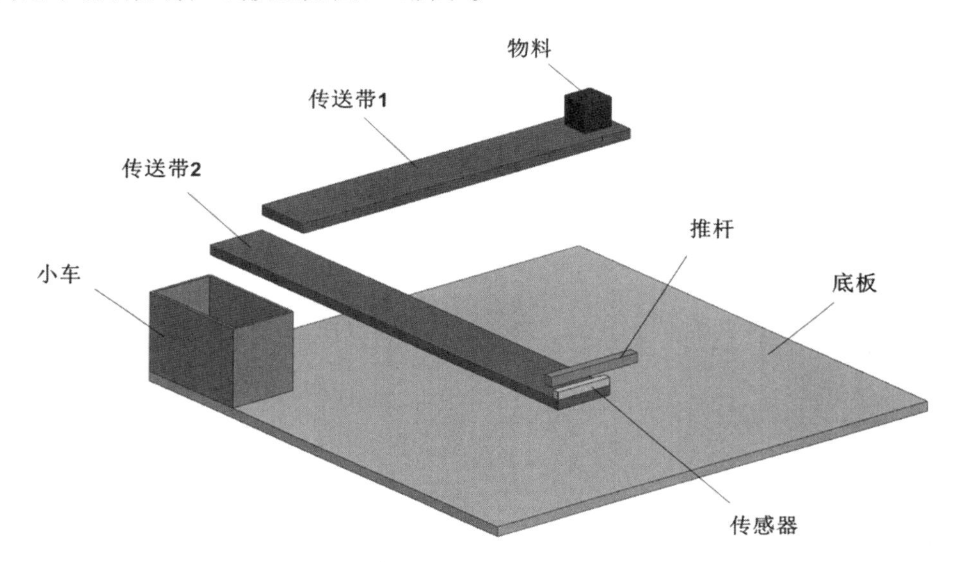

图 7-17　传送带物料分拣产线模型

按图7-17中所示模型建模后，运用“外部信号配置”的“PLCSIM Adv.”内部接口，利用S7-PLCSIM Advanced V3.0软件，建立虚拟PLC，对MCD模型的输入输出信号进行调试，实现运动过程控制。

动作流程描述：传送带启动后，物料在传送带1和传送带2上传送，同时小车运动到传送带2的另一侧，且推杆缩回；当物料触碰到传感器后，推杆将物料推入小车中，然后推杆缩回；当下一个物料到位后，推杆重复推料动作。

2.2　任务实施

1. 模型建模

（1）创建零件的三维模型。

零件模型的尺寸如图7-18至图7-24所示。

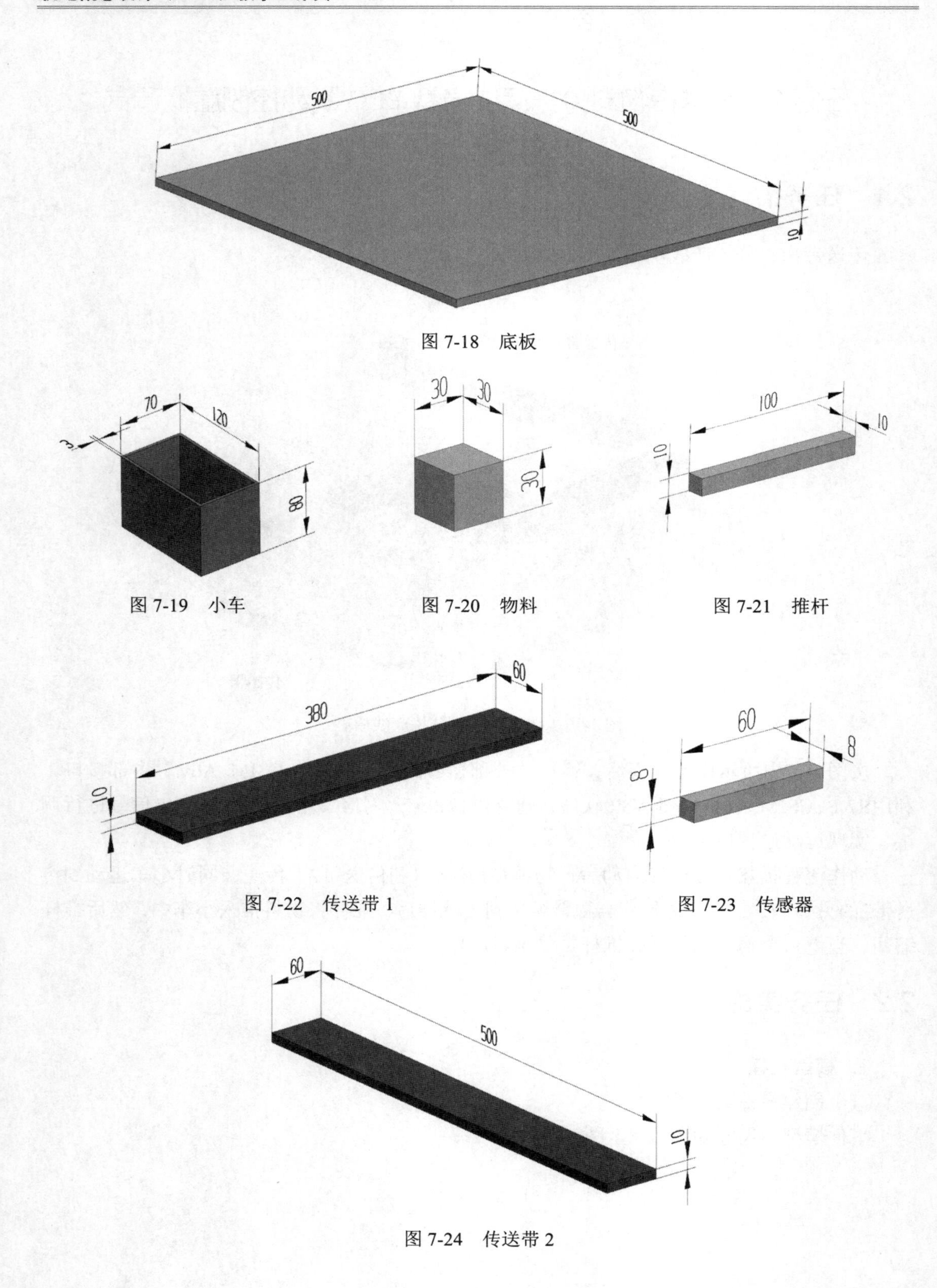

图 7-18　底板

图 7-19　小车

图 7-20　物料

图 7-21　推杆

图 7-22　传送带 1

图 7-23　传感器

图 7-24　传送带 2

（2）创建装配模型。

按图7-17所示模型，完成模型装配，装配尺寸自行确定。

2. NX MCD 配置

（1）基本设置。

设置完成图7-17模型中的基本机电对象、运动副和约束、传感器和执行器，如图7-25所示。

（2）设置信号。

通过“信号适配器”创建“控制信号”和“反馈信号”，操作过程如图7-26和图7-27所示。

图 7-25　基本设置

图 7-26　创建“控制信号”的操作过程

图 7-27　创建“反馈信号”的操作过程

3. PLC 组态及程序编写

（1）PLC设备组态。

打开TIA Portal软件创建新项目“MCD1500”后，添加新的设备。

设备项目树→添加新设备→控制器→SIMATIC S7-1500→CPU模块（如CPU 1511-1 PN）→添加→确定→CPU模块安装到导轨1号槽，如图7-28所示。

注意：需要添加S7-1500系列的PLC，S7-1200系列不支持PLCSIM Adv仿真。

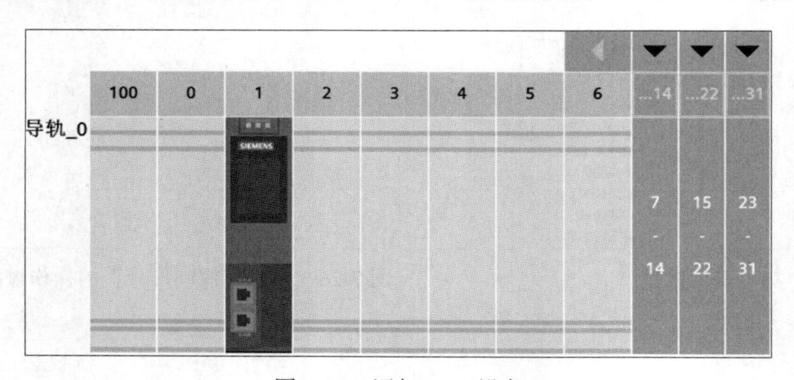

图 7-28　添加 PLC 设备

（2）PLC变量。

PLC变量表如表7-4所示。

MCD机电对象的“参数名称”中，传送带平行速度的数据类型为“双精度型”，如50.0mm/s。因此，在PLC变量表中，传送带速度变量的“数据类型”要指定用32位的实数数据（Real）。

表 7-4 PLC 变量表

变量名称	数据类型	地址	注释
传送带 1_速度	Real	MD10	
传送带 2_速度	Real	Md14	
推杆_动作	Bool	Q0.0	0 推出，1 缩回
小车_动作	Bool	Q0.1	0 后退，1 前进
物料_检测	Bool	M3.0	
推杆_推出到位	Bool	M3.1	
推杆_缩回到位	Bool	M3.2	

（3）程序编写。

PLC程序由启动块OB100和循环块OB1两部分组成。启动块OB100程序，仅在PLC运行的第一个扫描周期执行，用于对象的初始化控制。机电对象的初始状态为：传送带1、传送带2均以50.0mm/s的速度运行，小车前进到位，推杆缩回到位。因此，块OB100程序在PLC的第一个扫描周期执行，实现机电对象的初始状态。

① 启动块OB100程序。

展开项目树中的“程序块”→添加新块→添加块OB100→选择“组织块”→Startup→选择LAD→确定→启动组织块OB100添加完成→双击打开块OB100→编写块OB100程序→保存项目。

添加新块和添加启动块OB100的步骤如图7-29和图7-30所示。

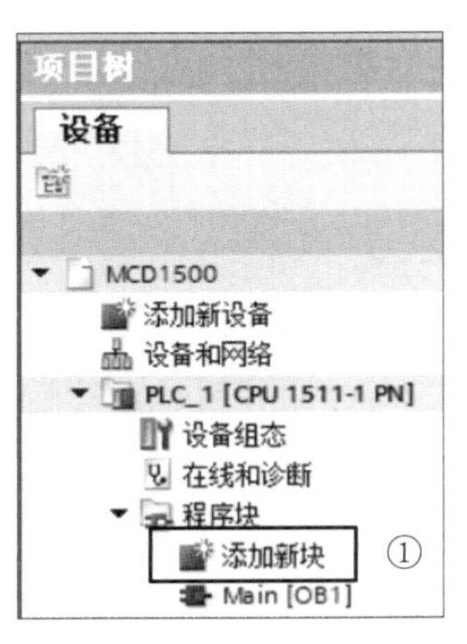

图 7-29 添加新块的步骤

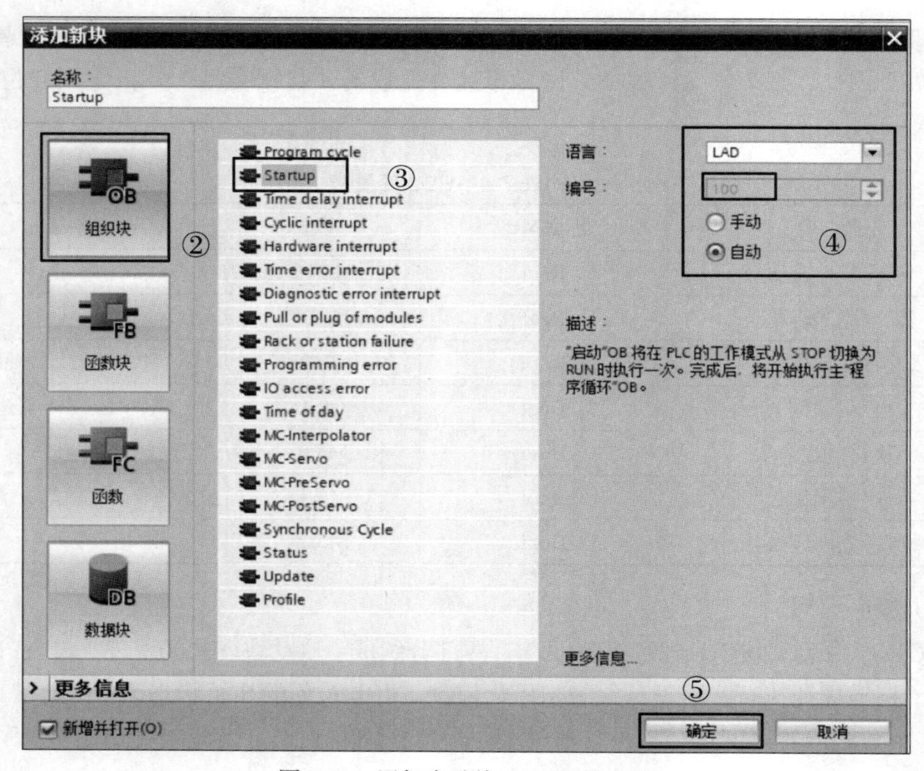

图 7-30　添加启动块 OB100 的步骤

编写启动块OB100程序，如图7-31所示。

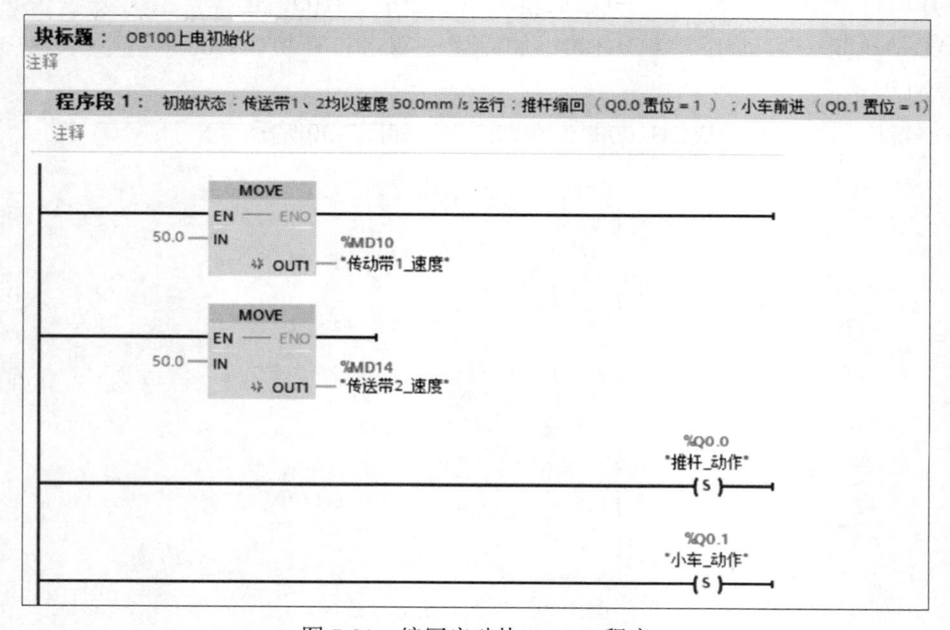

图 7-31　编写启动块 OB100 程序

② 循环块OB1程序。

展开项目树中的“程序块”→双击打开块OB1→编写块OB1程序→保存项目。

编写循环块OB1程序，如图7-32所示。

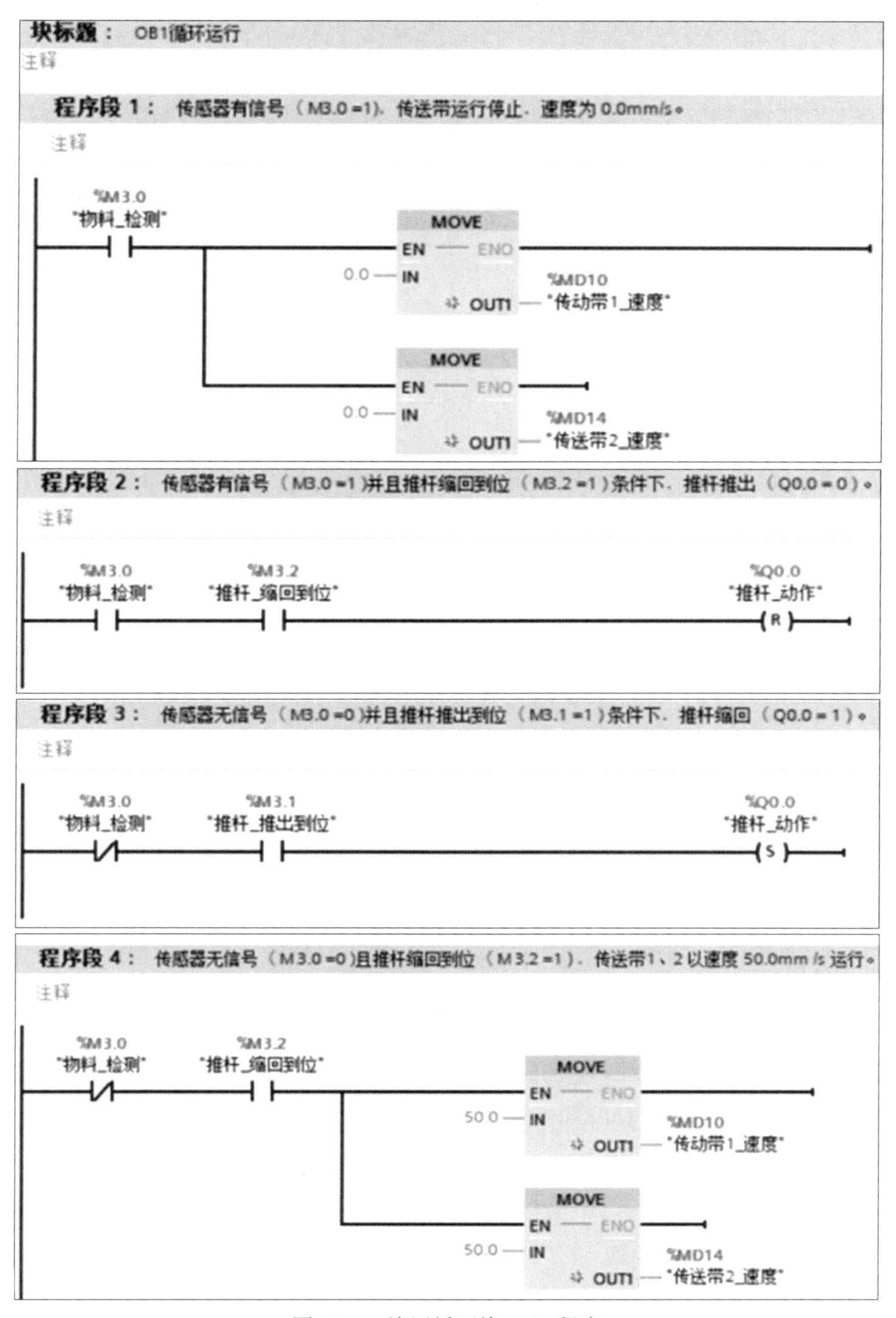

图 7-32　编写循环块 OB1 程序

（4）块编译功能设置。

编写完成PLC程序后，设置“块编译时支持仿真”选项，只有选中该项后才可以进行虚拟仿真。

操作步骤：项目树→右键单击项目名称“MCD1500”→属性→保护→勾选“块编译时支持仿真”→确定，如图 7-33 所示。

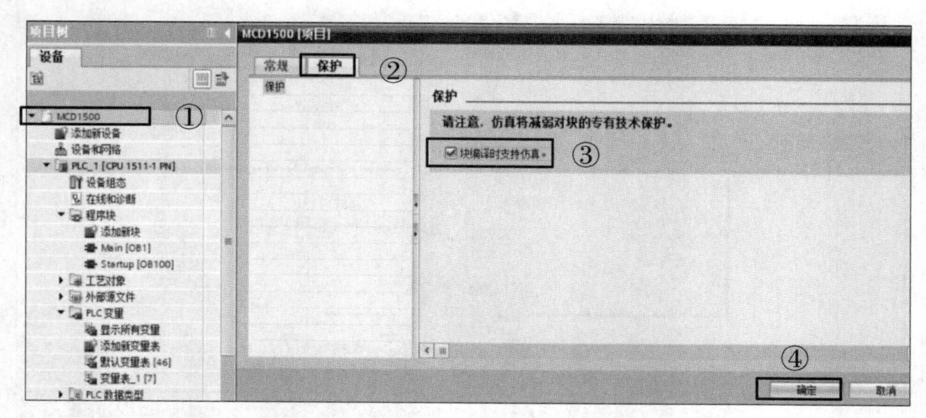

图 7-33　设置“块编译时支持仿真”

4. PLC 与 NX MCD 虚拟调试

（1）S7-PLCSIM Advanced信号连接。

① 启动虚拟PLC。

打开S7-1500仿真软件S7-PLCSIM Advanced V3.0，模式选择“PLCSIM”，PLC名称自行定义（如PLC-1500），PLC类型选择“Unspecified CPU 1500”，然后单击“Start”即可启动虚拟PLC。

虚拟PLC成功启动后，PLC显示黄灯，表示PLC上电并且为Stop状态。

② 下载PLC程序。

虚拟PLC启动后即可下载程序。在弹出的“下载预览”对话框中，单击“下载”，将“无动作”改为“启动模块”选项，单击“完成”，即可将PLC程序下载到虚拟PLC中，如图7-34所示。

此时S7-PLCSIM Advanced V3.0添加的虚拟PLC（如PLC-1500）变为绿灯，表示虚拟PLC为“运行”状态。程序下载完成后，虚拟PLC的IP地址（192.168.0.1）与项目“MCD1500”中PLC的IP地址相同（如192.168.0.6）。

虚拟PLC启动状态如图7-35所示。

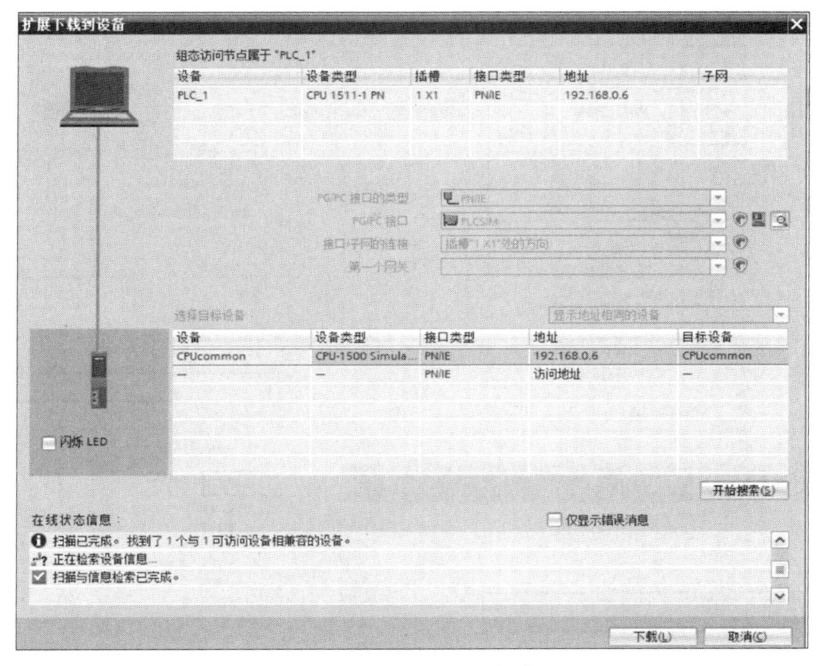

图 7-34　下载 PLC 程序

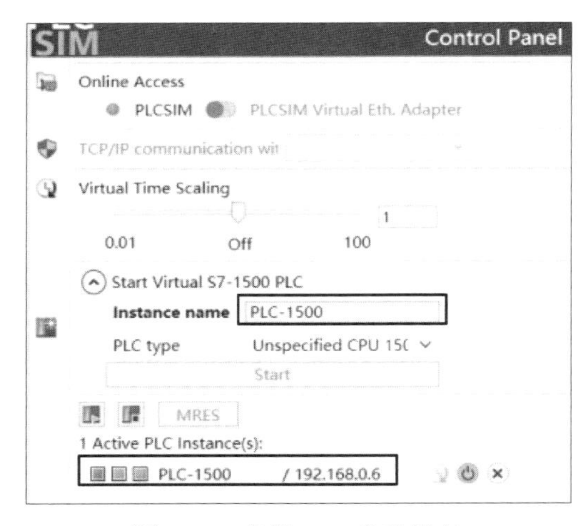

图 7-35　虚拟 PLC 启动状态

（2）外部信号配置。

展开“符号表”图标下拉箭头→选择“外部信号配置”→选择“PLCSIM Adv”→单击“添加实例”图标→添加实例（如PLC-1500）→确定。

外部信号配置操作如图7-36所示。

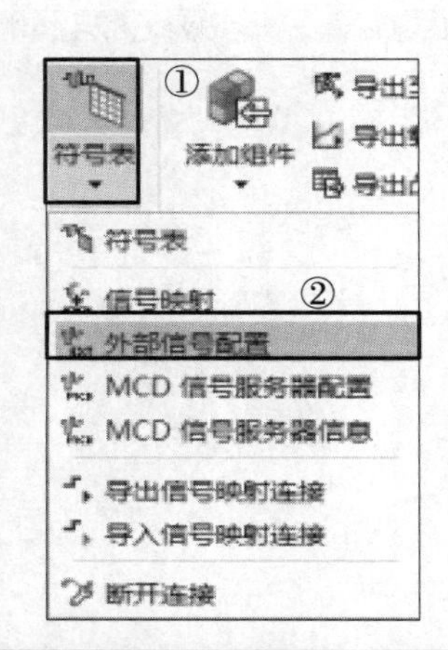

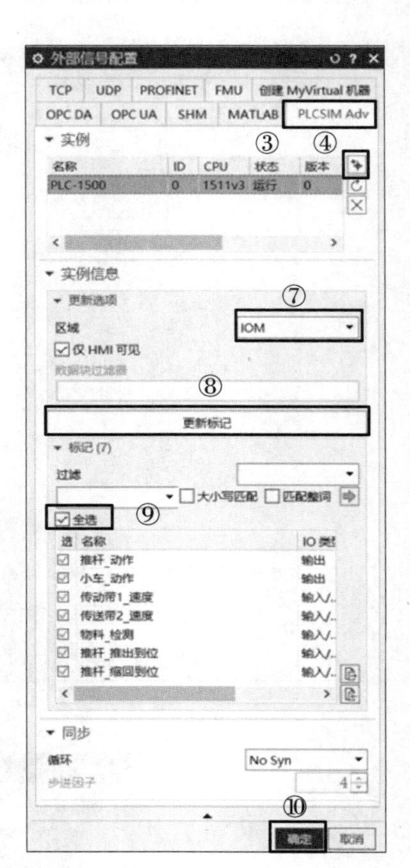

图 7-36　外部信号配置

（3）信号映射。

展开“符号表”图标下拉箭头→选择“信号映射”→选择“PLCSIM Adv”→选择实例（如PLC-1500）→选择MCD信号（如传送带1_in）→选择外部信号（如传送带1_速度）→点击“映射信号”图标→完成1个信号映射→按照此规律，完成全部7个信号映射。

MCD信号与外部信号的映射关系，如表7-5所示。

表 7-5　信号映射关系表

MCD 信号	信号方向	外部信号
传送带1_in	←	传送带1_速度
传送带2_in	←	传送带2_速度
推杆_in	←	推杆_动作
小车_in	←	小车_动作
传感器_out	→	物料_检测
推杆推出位_out	→	推杆_推出到位
推杆缩回位_out	→	推杆_缩回到位

信号映射配置操作，如图7-37、图7-38所示。

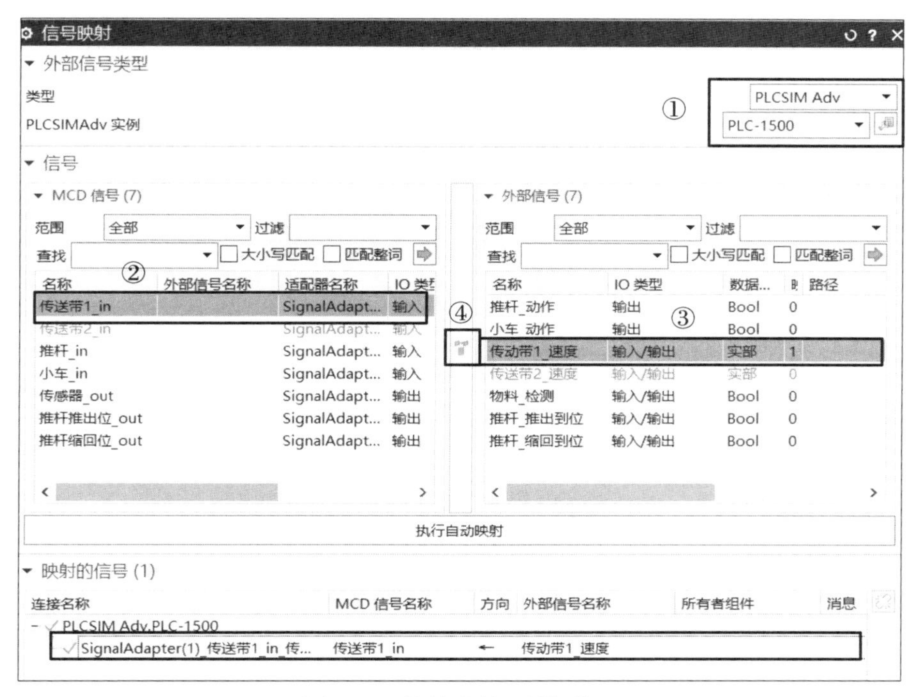

图 7-37　信号映射配置操作 1

图 7-38　信号映射配置操作 2

（4）PLC仿真监控。

屏蔽或删除仿真序列→PLC程序下载成功→高级仿真器（PLCSIM Adv）中加载的PLC（如PLC-1500）运行→单击MCD对象“播放”图标→PLC程序控制下，MCD对象启动运行。

① 推杆缩回状态。

推杆缩回状态如图7-39所示，推杆缩回状态PLC变量监控如图7-40所示。

图 7-39　推杆缩回状态

变量表_1

	名称	数据类型	地址	保持	从 H...	从 H...	在 H...	监视值	监控	注释
	传动带1_速度	Real	%MD10		☑	☑	☑	50.0		
	传送带2_速度	Real	%MD14		☑	☑	☑	50.0		
	推杆_动作	Bool	%Q0.0		☑	☑	☑	TRUE		0推出：1缩回
	小车_动作	Bool	%Q0.1		☑	☑	☑	TRUE		0后退：1前进
	物料_检测	Bool	%M3.0		☑	☑	☑	FALSE		
	推杆_推出到位	Bool	%M3.1		☑	☑	☑	FALSE		
	推杆_缩回到位	Bool	%M3.2		☑	☑	☑	TRUE		

图 7-40　推杆缩回状态 PLC 变量监控

② 推杆推出状态。

推杆推出状态如图7-41所示，推杆推出状态PLC变量监控如图7-42所示。

图 7-41　推杆推出状态

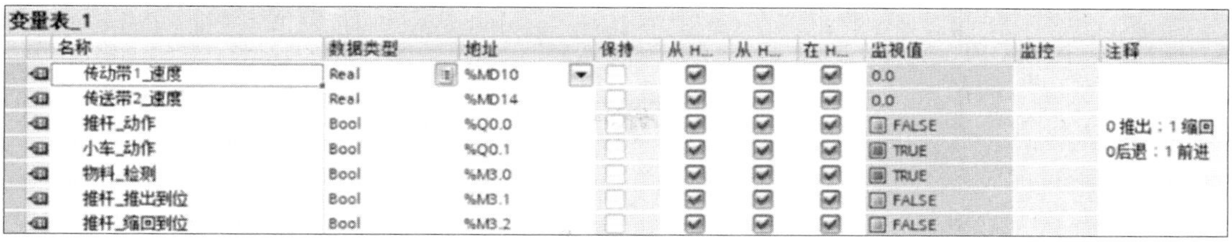

变量表_1

名称	数据类型	地址	保持	从 H...	从 H...	在 H...	监视值	监控	注释
传动带1_速度	Real	%MD10	☐	☑	☑	☑	0.0		
传送带2_速度	Real	%MD14	☐	☑	☑	☑	0.0		
推杆_动作	Bool	%Q0.0	☐	☑	☑	☑	FALSE		0 推出：1 缩回
小车_动作	Bool	%Q0.1	☐	☑	☑	☑	TRUE		0后退：1 前进
物料_检测	Bool	%M3.0	☐	☑	☑	☑	TRUE		
推杆_推出到位	Bool	%M3.1	☐	☑	☑	☑	FALSE		
推杆_缩回到位	Bool	%M3.2	☐	☑	☑	☑	FALSE		

图 7-42　推杆推出状态 PLC 变量监控

2.3　检查与评价

项目	序号	内容	评价标准
自我评价	1	正确定义刚体	□已掌握　□基本掌握　□没掌握
	2	正确定义碰撞体	□已掌握　□基本掌握　□没掌握
	3	正确定义对象源	□已掌握　□基本掌握　□没掌握
	4	正确定义传输面	□已掌握　□基本掌握　□没掌握
	5	正确定义滑动副	□已掌握　□基本掌握　□没掌握
	6	正确定义位置控制	□已掌握　□基本掌握　□没掌握
	7	正确定义碰撞传感器	□已掌握　□基本掌握　□没掌握
	8	正确定义信号适配器（控制信号）	□已掌握　□基本掌握　□没掌握
	9	正确定义信号适配器（反馈信号）	□已掌握　□基本掌握　□没掌握
	10	正确设计PLC程序	□已掌握　□基本掌握　□没掌握
	11	虚拟调试结果	□已掌握　□基本掌握　□没掌握
教师评价	1	正确定义刚体	□优　□良　□中　□及格　□不及格
	2	正确定义碰撞体	□优　□良　□中　□及格　□不及格
	3	正确定义对象源	□优　□良　□中　□及格　□不及格
	4	正确定义传输面	□优　□良　□中　□及格　□不及格
	5	正确定义滑动副	□优　□良　□中　□及格　□不及格
	6	正确定义位置控制	□优　□良　□中　□及格　□不及格
	7	正确定义碰撞传感器	□优　□良　□中　□及格　□不及格
	8	正确定义信号适配器（控制信号）	□优　□良　□中　□及格　□不及格
	9	正确定义信号适配器（反馈信号）	□优　□良　□中　□及格　□不及格
	10	正确设计PLC程序	□优　□良　□中　□及格　□不及格
	11	虚拟调试结果	□优　□良　□中　□及格　□不及格
成绩评定		□优　□良　□中　□及格　□不及格	

参考文献

[1] 黄诚，梁伟东. 生产线数字化仿真与调试（NX MCD）[M]. 北京：机械工业出版社，2022.

[2] 黄文汉，陈斌. 机电概念设计（MCD）应用实例教程[M]. 北京：中国水利水电出版社，2020.

[3] 孟庆波. 生产线数字化设计与仿真（NX MCD）[M]. 北京：机械工业出版社，2017.

[4] 邵为龙. UG NX 1926快速入门与深入实战[M]. 北京：清华大学出版社，2021.

[5] 于生，宋瑞娟. 西门子S7-1200PLC应用项目化教程[M]. 北京：北京理工大学出版社，2022.

[6] 赵春生. 西门子S7-1200PLC从入门到精通[M]. 北京：化学工业出版社，2021.